JN451557

PREFACE

현대인에게 피부는 아름다움을 표현하는데 있어 매우 중요하게 작용하고 있다. 본서에서는 아름다움의 기초라고 할 수 있는 건강한 피부를 위한 다양한 접근과 피부테라피를 위한 원리와 기술 등을 살펴보았다. 피부유형에 따른 화장품의 선택과 적용 또한 여러 가지 내·외적 자극에 대한 피부의 변화를 이해하고, 병변적 증상으로 진행되지 않도록 적절한 테라피 그리고 자신의 피부에 적합한 제품을 선택해 관리함으로써 건강하고 아름다운 리얼 스킨을 위한 내용을 담았다.

또한 피부미용에 관심을 가진 모든 분들에게 도움이 되는 피부와 화장품의 이해, 더나아가 셀프 피부 관리를 할 수 있는 실기실습 패턴을 소개하였다.

Chapter 1에서 Chapter 3까지는 피부의 구조와 기능, 피부의 부속기관, 피부의 생리 등 전반적인 피부의 이해에 대하여 정리하였다. Chapter 4에서 Chapter 6까지는 피부분석 및 유형, 피부의 특징 등을 다루었다. 이러한 이해를 바탕으로 피부유형과 증상에 대하여 대처하고 해결할 수 있는 관리 방법과 내용을 정리하였다. Chapter 7에서 Chapter 11까지는 화장품의 성분과 종류를 알아보고 피부유형에 적합한 화장품을 선택할 수 있는 능력을 가질 수 있도록 하였다. Chapter 12에서는 위의 내용을 바탕으로 자신의 피부유형을 인지하고 적합한 제품을 선택하여 관리할 수 있는 내용을 그림으로 정리하였다.

본서는 건강한 피부와 화장품에 관심과 학습을 원하는 사람들의 관점에서 이해하기 쉽게 전달하고자 노력하였다. 피부분야에 종사하는 분들에게도 작은 변화와 활용가치가 있는 따뜻한 한권의 책이 되길 바란다.

끝으로 이 책이 출판되기까지 많은 관심과 성원을 아끼지 않은 구민사 관계자 모든 분들에게 진심으로 감사의 마음을 전합니다.

2017. 08
저자일동

CONTENTS

CHAPTER 1 피부의 구조와 기능

CHAPTER 2 피부의 부속기관

CHAPTER 3 피부의 생리

CHAPTER 4 | 피부유형과 특징

CHAPTER 5 | 문제성 피부

CHAPTER 6 | 피부장애

CONTENTS

CHAPTER 7 화장품의 역사

CHAPTER 8 화장품과 피부

CHAPTER 9 피부와 화장품

CHAPTER 10 | 기초 화장품의 필요성

CHAPTER 11 | 기능성화장품

CHAPTER 12 | 피부관리 실습(Face)

1

피부의 구조와 기능

|R|E|A|L|S|K|I|N|

CHAPTER 1

피부의 구조와 기능

01 피부의 개요

피부는 신체의 표면을 둘러싸고 있는 하나의 기관으로 외부의 자극으로부터 신체를 보호한다. 또한 인체의 생명을 유지하고 보호하기 위한 필요 불가결한 것으로 체표면의 손상 정도에 따라 사망에 이를 수도 있다.

피부의 총면적은 개인적 차이가 있지만 성인 남성은 약 1.8m^2이고 여성은 약 1.6m^2이며 중량은 체중의 약 16% 가량이다. 피부의 두께는 신체부위에 따라 얇은 피부와 두꺼운 피부로 나뉜다. 가장 얇은 피부는 눈꺼풀과 고막으로 0.2~0.6mm이며 얼굴피부와 신체의 앞부분과 굽혀지는 부분은 얇은 피부에 속하고, 피부가 얇은 부분은 잔주름이 생기기 쉬운 부위이다. 또한 두꺼운 피부는 하복부, 둔부, 대퇴부이며 전체적으로 신체의 뒷부분과 펴지는 부분이다. 신체 중 가장 두꺼운 피부는 손바닥과 발바닥으로 2~6mm이고 특히 발뒤꿈치는 가장 두꺼운 피부이다.

피부표면은 육안으로 평평해 보이나 빽빽한 그물 모양의 구조이다. 그물 모양 중 오목한 곳은 소구라 하고 볼록한 곳은 소릉이라 하며, 소구와 소릉의 차이가 작을수록 피부 결이 곱고 섬세하고 소구와 소릉의 차이가 클수록 피부 결이 거칠다. 연령대로 보면 젊은 사람이 고령자보다 피부 결이 곱고, 남성보다 여성이 피부 결이 고운 것이 보편적이다.

소구가 교차하는 곳에 털이 나는 모공이 있고 소릉의 중앙에 땀을 분비하는 한공이 있다.

02 피부의 구조

피부의 유래는 외배엽이며 표면에 있는 표피는 특수 구조화된 상피이고, 진피는 중배엽에서 유래된 치밀결합조직으로 구성되었다. 진피 밑에는 성긴결합조직으로 이루어져 있다.

피부의 구조를 단면으로 보면 표피(epidermis), 진피(dermis), 피하지방층(subcu taneous layer)으로 3층 구조이다. 그 밖의 부속기관은 한선, 피지선, 손·발톱, 모발 등이 있다.

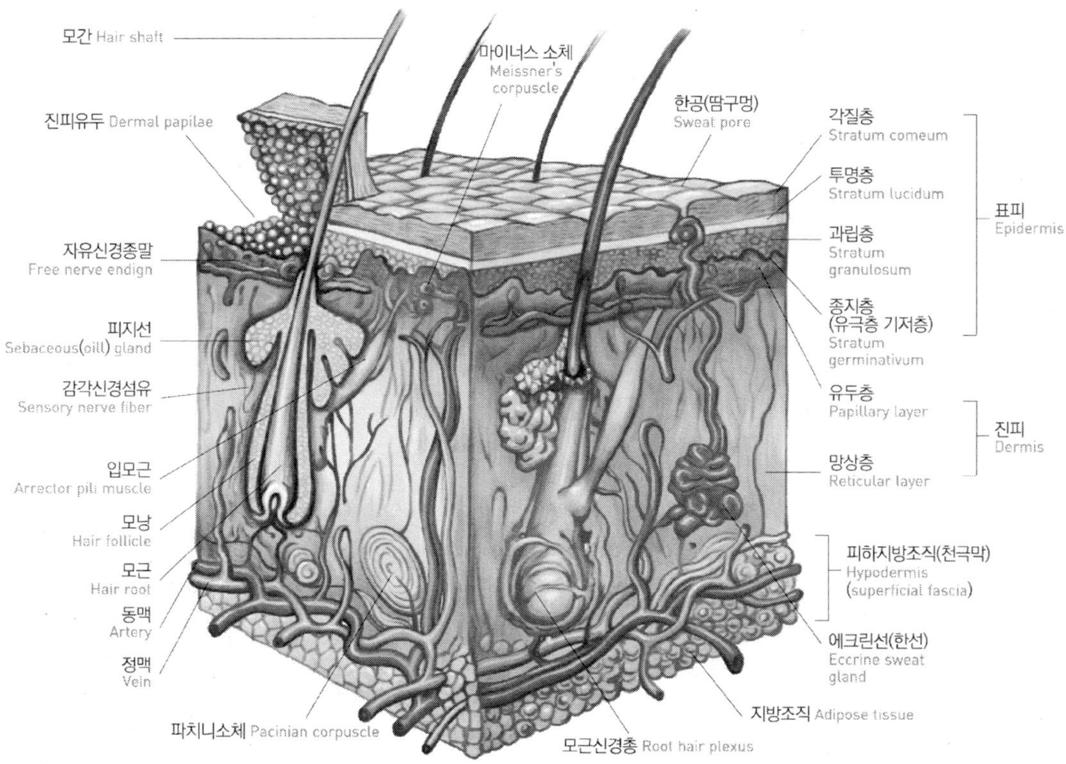

1) 표피(Epidermis)

표피는 피부의 가장 표면에 있는 층으로 두께는 평균 0.1~0.3mm이며 편평상피세포가 중첩된 얇은 조직으로 외부의 유해성분, 자외선, 세균으로부터 침입을 방어하고 피부를 보호해 준다.

각질형성세포(keratinocyte), 멜라닌세포(melanocyte), 랑게르한스세포(langerhans cell), 머켈세포(merkel cell)로 구성되어 있으며, 상층부터 각질층(stratum corneum, horny layer), 투명층(stratum lucidum, clear layer), 과립층(stratum granulosum, granular layer), 유극층(가시층)(stratum spinosum, priekle cell layer), 기저층(stratum basale, basal cell layer)으로 구성되어 있다.

(1) 표피의 구성

① **각질층**(Stratum corneum, Horny layer)

피부의 가장 표면에 있는 층으로 각질형성세포(keratinocyte)가 분열하여 각질(keratin)로 변한 무핵세포층이며 15~20층의 얇은 비늘 모양의 편평한 죽은 세포들이 서로 엇갈려 쌓여있는 모양으로 세포와 세포 사이는 지질로 구성된 접착물질에 의해 연결되어 있는데, 이를 각질세포 간 지질이라 한다.

각질세포 간 지질은 세포와 세포의 결합력을 결정하며 각질층 내부의 수분이 증발하지 않도록 하고, 외부환경으로부터 피부를 보호하는 최초의 방어막이다.

각질층의 표면층에서는 박리현상이 일어나는데 이는 지질의 접착력이 떨어져 비늘 모양의 각질 사이에 간격이 생겨 얇은 조각으로 비듬처럼 떨어져 나가는 현상이다. 이러한 각질을 연각질이라 하고, 손·발톱, 털의 피질 등에서는 경각질이 관찰된다. 표면에서 떨어져 나간 각질은 기저층에서 각질형성세포가 분열하여 상부로 밀려 올라온 세포에 의해 보충된다.

각질층의 수분의 함량은 천연보습인자가 결정하며, 10~20%의 수분을 함유하고 있다. 수분 함량이 10% 이하이면 피부가 건조하고 각질이 일어나며 잔주름이 생긴다. 각질층은 케라틴(keratin) 약 58%, 천연보습인자(natural moisturizing factor) 약 31%, 각질세포 간지질(lipid) 약 11%로 구성되어 있다.

② **투명층**(Stratum lucidum, Clear layer)

각질층의 아래층으로 2~3층의 밝고 투명한 층이며 생명력이 없는 무색·무핵 세포층으로 모든 피부에 존재하나 식별이 쉽지 않다. 그러나 손바닥과 발바닥에는 잘 발달되어 확실하게 관찰할 수 있다.

투명층은 빛을 굴절시키고 차단하며 외부로부터의 수분침투를 방어하는 엘라이딘이라는 반유동성 물질이 함유되어 있다.

목욕탕에 가면 손바닥과 발바닥이 쭈글쭈글해지는 현상을 볼 수 있는데, 이는 각질층은 수분을 흡수하여 팽창하고 투명층은 수분을 흡수하지 않아 팽창하지 않으므로 각질층과 투명층의 면적 차이에서 오는 현상이다. 또한 투명층이 발달한 부위는 피부 이식이 불가능하다.

③ **과립층**(Stratum granulosum, Granular layer)

과립세포로 구성된 편평형 또는 방추형의 세포로 2~5층으로 구성되어 있으며, 각질이 두꺼운 손바닥이나 발바닥은 10층에 이른다.

표피세포가 퇴화되어 각질화되는 첫 단계로 유핵세포와 무핵세포가 공존하며 세포질 내부에는 케라토하이알린(keratohyaline) 과립과 층판소체의 과립형의 새로운 소기관들이 나타나 과립층으로 불린다. 이 과립은 유극층에서 과립층으로 이동한 세포의 수분을 줄여서 세포의 핵을 죽이고 세포의 모양을 납작하게 만든다. 또한 과립층에는 수분저지막이 존재하여 수분으로부터 피부조직이 약화되거나 유해물질이 침투하는 작용을 막는다. 이러한 과정은 외부의 강한 자극으로부터 피부를 보호한다. 따라서 과립층은 피부에서 가장 중요한 보호작용을 담당하는 층으로 과립층의 손상은 여러 가지 피부질환을 유발한다. 그리고 층판소체는 비타민 D를 합성하는 장소이다.

④ **유극층**(Stratum spinosum, Priekle cell layer)

표피의 대부분을 차지하는 가장 두꺼운 층으로 불규칙한 원추상, 방추형의 다각형인 유핵극상세포가 5~10층으로 이루어져 있으며, 세포에서 가시모양의 극돌기가 서로 연결되어 있어 '극이 있는 층'이라는 의미로 유극층 또는 가시층이라고 부르기도 한다.

유극층은 살아있는 세포로 구성되어 있으며 세포들의 극돌기는 이웃세포의 돌기들과 연결되어 세포 사이의 다리를 형성하고 이를 세포간교라 한다. 이로 인하여 유극층은 매우 강한 응집력을 가지며, 세포간교 사이에는 림프관이 순환하여 물질교환이 이루어지므로 미용관리에 중요한 역할을 한다. 또한 유극층에는 면역기능을 담당하는 랑게르한스세포가 존재한다.

⑤ **기저층**(Stratum basale, Basal cell layer)

기저층은 표피의 가장 아래층에 존재하며 원추상 또는 입방형의 유핵 세포가 단층으로 밀접하게 정렬되어 있으며, 진피의 유두층과 접하고 있는 부분의 형태는 구불구불한 물결 모양이다. 이때 구불구불한 물결 모양이 깊을수록 젊은 피부이고, 물결 모양이 편평해질수록 노화피부이다.

기저층은 진피의 모세혈관으로부터 영양과 산소를 공급받아 원활한 세포분열을 하고 최상층부인 각질층까지 수직 이동하여 각화된다.

기저층에는 각질형성세포와 멜라닌형성세포가 10 : 1 비율로 존재하고 밤 10시에서 새벽 2시 사이에 각질형성세포는 피부재생을 위한 활발한 세포분열을 한다. 그리고 멜라닌형성세포는 피부색을 결정짓는 멜라닌색소를 만들어 낸다.

(2) 표피층의 구성세포

① **각질형성세포**(keratinocyte)

케라틴 단백질을 만드는 각질형성세포는 표피세포의 90~95%를 차지하며 표피를 구성하는 세포 중 가장 중요한 세포이다.

각질형성세포는 기저층에 존재하며 세포분열하여 기저층, 유극층, 과립층, 투명층, 각질층으로 점차적으로 올라오는 이동과정 속에서 세포는 모양이 수축되고 편평하게 변하면서 각질층의 가장 상부에서 떨어져 나가는 탈락과정을 거치게 되는데, 이러한 과정을 각질화과정(keratinization)이라 한다.

기저층에서 생성된 각질형성세포가 각질층의 가장 상부까지 올라와 떨어져 나가는데 걸리는 시간은 약 28일(약4주) 정도로 매일 수백 만 개의 세포가 생성되는 동시에 각질로 떨어져 나간다. 이러한 과정이 정상적으로 이루어지는 정상각화(orthokeratosis) 상태일 때는 피부가 건강하고 매끈한 정상피부를 유지할 수 있다.
위의 과정이 비정상적으로 이루어져 각질이 두껍게 쌓이는 현상을 과각화증(hyperkeratosis)이라 하는데 노화피부나 지성피부에 많이 나타나며, 각질세포가 모공을 막아 여드름 발생의 원인이 된다.
각질형성세포는 표피의 기저층과 땀샘관을 둘러싸는 세포로 구분한다.

② **멜라닌세포**(Melanocyte)

표피의 기저층에 존재하는 멜라닌 세포는 멜라닌 색소를 함유한 멜라닌소체(melanosome)를 합성하여 수상돌기를 통하여 주위의 각질형성세포에게 색소를 전달한다.
멜라닌의 양이 증가하는 원인은 피부가 자외선의 노출이나 심리적, 정신적 스트레스, 호르몬의 불균형, 임신, 내장장애, 경구피임약 등의 내·외적 자극을 받으면 멜라닌세포의 크기는 확대되고, 수상돌기는 증식하며, 멜라닌색소의 생성이 촉진되기 때문이다. 이때 생성된 멜라닌색소는 표피의 신진대사 과정에 의해 표피 상층부로 올라오면 정상적 각화작용에 따라 각질층에서 탈락된다.
멜라닌색소의 가장 큰 기능은 자외선의 유해작용으로부터 피부의 손상을 막아주는 보호기능이다.
멜라닌세포는 각질형성세포와 1 : 4~1 : 10 정도의 비율이며, 인종이나 피부색과 관계없이 $1mm^2$당 1,200~1,500개로 개수가 동일하다.
피부색은 멜라닌세포와는 관계없이 멜라닌소체의 크기와 수, 분비능력에 따라 결정된다. 따라서 검은 피부는 멜라닌소체의 크기와 양이 흰 피부에 비해 많으며 유극층의 상부까지 멜라닌소체가 분해되지 않고 넓게 퍼져 나타난다. 만일 표피층의 각화현상이 정상적이지 못하면 멜라닌소체는 피부에 불규칙적으로 남게 되고 이는 색소침착으로 나타난다.

③ **랑게르한스세포**(Langerhans cell)

랑게르한스세포는 별 모양의 많은 세포질돌기를 가진 수지상세포로 주로 유극층에 분포되어 있다. 구강 및 식도, 생식기 점막의 상피와 림프절, 모낭세포, 한선, 피지선, 유선 등에 광범위하게 분포되어 있다. 이는 순환계와 면역학적으로 중요한 세포임을 뜻한다.
랑게르한스세포는 피부의 면역반응과 알레르기 반응, 바이러스반응에 관여하는데 외부의 이물질인 항원이 피부로 침투하면 면역담당세포인 림프구로 반응을 전달하여 면역세포들의 움직임을 활성화 시킨다. 즉 피부에 접촉되는 화장품이 흡수되면 랑게르한스세포에 의해 알레르기 반응이 일어난다. 따라서 피부의 최 외측의 면역담당세포이다.

④ **머켈세포**(Merkel cell, 촉각세포)

기저층에 존재하며 신경자극을 뇌에 전달하는 촉각수용체로서 촉각을 감지하는 역할을 하므로 촉각세포, 지각세포라고도 한다. 주로 구강점막과 표피에 광범위하게 퍼져 있으며 모발이 없는 입술, 손바닥, 발바닥 등에서 주로 발견된다.

2) 진피(Dermis, cutis, corium)

진피는 표피의 기저층과 피하지방층 사이에 존재하는 치밀한 결합조직이다. 표피두께의 10~40배 되는 두꺼운 층으로 두께는 0.5~4mm이고 수분은 표피의 60%를 함유하고 있는 실질적인 피부라 할 수 있다.

진피를 구성하는 두 가지 섬유는 교원섬유(collagen fiber)와 탄력섬유(elastic fiber)이고, 섬유아세포(fibrobrast), 대식세포(macrophage), 비만세포(mast cell) 등으로 구성되어 있다.

섬유아세포는 결합조직 전반에 광범위하게 분포되어 있으며, 교원섬유와 탄력섬유, 기질 등을 생성하는 중요한 역할을 담당한다. 대식세포는 면역반응을 일으켜 신체를 보호하는 역할을 한다. 비만세포는 알레르기반응을 일으키는 세포로 유두층의 모세혈관 가까이에 위치한다.

진피는 구조상 윗부분은 유두층(papillary layer), 아랫부분은 망상층(reticular layer)으로 구분되며 피부의 탄력성 및 윤기 있는 피부를 유지하는데 관련이 깊으나, 재생이 불가능하므로 손상되면 흉터가 남게 된다.

(1) 진피의 구성

① **유두층**(papillary layer)

표피의 기저층 밑에 위치한 진피의 유두층은 유두 모양의 돌기를 물결 모양으로 형성하고 있으며 모세혈관·림프관·신경종말이 풍부하게 분포되어 있다.

모세혈관은 표피의 기저층에 영양공급과 산소공급을 통하여 각질형성세포의 세포분열, 세포생성에 중요한 역할을 한다.

유두의 물결 모양은 피부의 노화 정도에 따라 편평하게 변화되고 이러한 변화는 각질형성세포에 영양과 산소 공급에 영향을 미쳐 섬유들은 변형되고 피부의 탄력성이 저하된다.

② **망상층**(Reticular layer)

유두층의 아래에 위치하는 망상층은 섬유단백질인 굵은 교원섬유와 탄력섬유로 이루어진 결합조직으로 피부표면과 평행한 망상구조는 피부를 지지해 주며 피부의 탄력성을 유지시켜 준다. 유두층과 달리 모세혈관은 거의 없으며, 혈관, 한선, 피지선, 신경총 등이 분포되어 있다.

망상층은 신체부위에 따라 섬유들이 일정한 방향성으로 배열하는데 이를 피부할선, 또는 랑게르선(langer line)이라고 부르며 수술 시에 이 선을 따라 절개하면 상처가 최소화된다. 임산부와 비만한 사람의 피부가 늘어나는 것도 탄력성과 팽창성이 큰 망상층 때문이다.

망상층에는 온각, 압각, 냉각의 감각기관도 분포되어 있다.

(2) 진피의 구성물질

① **교원섬유**(Collagen fiber)

교원섬유는 콜라겐이라고도 하며 진피의 90%를 차지하고 섬유아세포에서 생산된다. 교원섬유는 백색을 띠므로 백섬유(white fiber)라고도 하며, 인대나 뼈, 치아, 혈관에도 많은 비중을 차지하고 탄력섬유와 함께 피부의 장력과 탄력성을 제공한다.

교원섬유는 피부 노화현상과 자외선의 영향을 받아 양이 감소되거나, 형태가 변하게 된다. 이러한 변화는 진피의 수분 함량과 탄력을 감소시켜 주름의 원인이 된다.

② **탄력섬유**(Elastin fiber)

탄력섬유는 엘라스틴이라고도 하며 진피의 2~3%를 차지하고 섬유아세포에서 생산된다. 피부의 탄력에 중요한 역할을 하는 탄력섬유는 황색을 띠므로 황섬유라고도 한다. 탄력섬유는 용수철이나 고무줄처럼 늘어났다가 원래 상태로 되돌아가는 것과 같은 원리로 피부의 탄력성은 탄력섬유에 의하여 결정된다. 그러나 피부가 노화되면 탄력섬유의 기능이 저하되어 피부가 이완되고 주름이 발생한다.

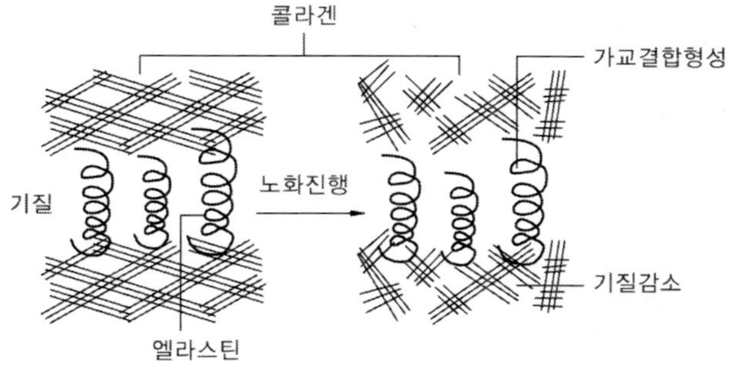

③ **기질**(Grund substance)

진피 내의 결합섬유와 세포 사이를 채우고 있는 물질을 기질이라 하며, 점다당질(mucopolysaccharide)이 주성분이다. 점다당질은 히알루론산(hyaluronic acid), 헤파린 황산염(heparin sulfate), 콘드로이친 황산(chondroitin sulfate) 등으로 구성되어 있다. 이들은 친수성 다당체로 자신의 무게보다 수십 배에서 1,000배까지 수분을 흡수할 수 있는 능력을 가졌다. 특히 무자극성이며 보습작용이 뛰어난 히알루론산은 널리 사용되고 있다.

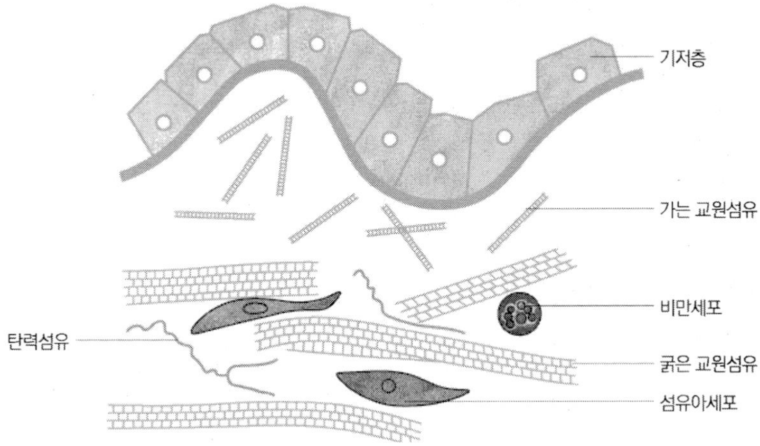

※ 진피의 구성 세포와 섬유

3) 피하지방층(Subcutaneous fat tissue)

피부의 가장 아래층에 존재하는 피하지방층은 진피와 골격, 근육의 사이에 존재하며 피하조직이라고도 한다. 피하지방층의 두께는 개인차가 있으나 둔부와 복부는 3cm 이상이고, 발달이 미숙한 부분은 눈꺼풀, 생식기, 입술, 외이 등이며 둔부, 허리, 어깨, 가슴, 팔뚝, 대퇴부, 하복부 등은 지방세포의 축적이 쉬운 부위다.

지방세포들은 지방을 생산해서 인체의 체온을 유지하기 위한 체온조절기능, 소모되고 남은 잉여 에너지를 저장하는 저장기능, 외부의 충격을 흡수하는 충격완화 작용 및 내부 조직의 손상을 막는 보호기능이 있다.

피하지방층은 여성 호르몬과 관계가 있어 여성의 아름다운 체형을 결정하는데 중요한 역할을 한다. 그러나 임신으로 인하여 여성호르몬이 많이 분비되면 피하지방층이 발달하여 여성의 체형은 변화된다.

지방층이 과도하게 축적되면 피하조직이 두꺼워지며 혈관과 림프관이 압박을 받게 되고 이는 순환장애를 일으켜 피부표면이 귤껍질처럼 울퉁불퉁해지는 현상이 나타나는데, 이를 셀룰라이트라고 한다. 이 경우 식이요법과 적절한 운동, 순환 마사지를 통하여 지방 축적의 원인을 막도록 한다.

2

피부의 부속기관

REALSKIN

CHAPTER 2

피부의 부속기관

피부는 표피, 진피, 피하지방층뿐만 아니라 피부가 변형되어 생긴 한선, 피지선, 손·발톱, 털 등 부속기관이 있다.

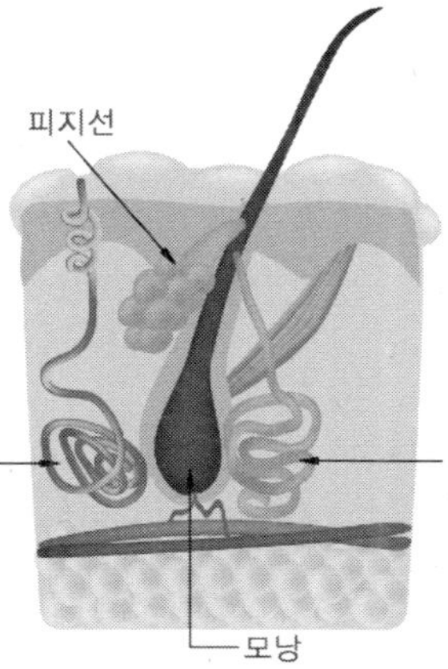

01 한선(Sweat gland)

한선은 진피의 망상층에 존재하며 실 뭉치 모양으로 엉켜 있는데, 땀을 생산하여 피부 표면에 분비하는 기능을 한다. 땀은 대부분 증발되면서 체온조절을 하고 일부분은 피지의 기름성분과 피지막을 형성하는데 활용된다. 피지막은 약산성으로 외부의 세균으로부터 피부를 보호하고 부드럽게 만든다.
땀에는 우로카닌산(urocanic acid)이 함유되어 있어 자외선을 흡수하는 작용을 하기 때문에 피부를 일정량의 자외선으로부터 보호하는 역할을 하며, 천연보습인자도 함유되어 피부의 보습력을 좋게 한다.

한선은 기능과 크기에 따라 에크린선(소한선, eccrine sweat gland), 아포크린선(대한선, apocrine sweat gland)으로 나뉜다.

1) 에크린선(소한선, eccrine sweat gland)

에크린선은 땀을 분비하는 샘으로 음부를 제외한 전신에 약 200~400만 개의 한선이 코와 이마에 분포되어 있고, 손바닥과 발바닥에는 특히 많이 분포되어 있다. 아포크린선보다 크기가 작아 소한선이라고 한다. 출생 시 이미 형성되어 있으며 성인이 되어도 변화가 없다. 땀의 산도는 pH 3.8~5.6의 약산성이므로 세균의 번식을 억제하고, 무색, 무취의 체액을 독립된 한선으로 지속적으로 분비한다.
다한증(hyperhidrosis)은 땀이 지나치게 많이 분비되는 증상으로 피부가 축축해지고 pH의 농도가 약해지면서 표피의 저항력이 떨어진다.

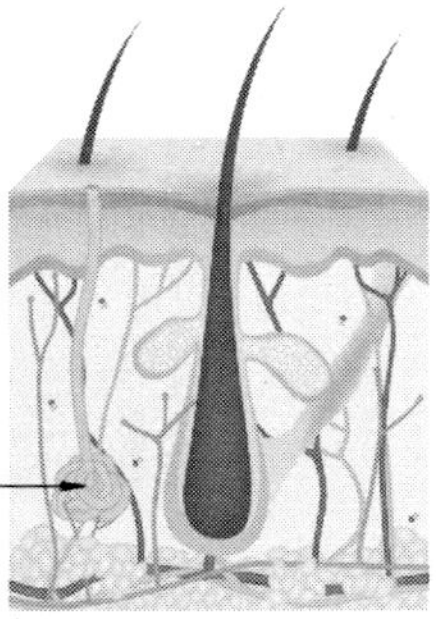

2) 아포크린선(대한선, Apocrine sweat gland)

소한선보다 몇 배가 커서 대한선이라 하며 진피 깊숙이 위치하여 피부표면과 독립된 한선이 아닌 모낭의 윗부분과 연결되어 피부표면으로 통한다. 출생 시 전신에 형성되었다가 생후 5개월 경 겨드랑이, 외음부, 귀두, 배꼽 주위, 유두 주위, 항문 주위 등 특정 부위를 제외하고 서서히 퇴화된다.
아포크린선은 산도가 pH 5.5~6.5인 희뿌옇거나 노르스름한 농도 짙은 약알칼리성 분비물로 세균 감염이 쉬우며 세균에 의해 땀 성분이 부패되면 강한 악취가 발생하는데 이를 암내 또는 액취증(bromhidrosis)이라 한다.
성선과 관련이 있는 아포크린선은 사춘기 전에는 활동이 없다가 사춘기 때부터 왕성한 분비활동으로 인하여 개인의 독특한 향을 내는 물질을 함유하고 있어 체취선이라고도 부른다. 인종별로는 백인보다 흑인이, 남성보다 여성에게 많이 발달되어 있다.

02 피지선(Sebaceous gland)

진피의 망상층에 위치한 피지선은 모낭 주위에 3~5개의 주머니가 모여서 형성되고 이는 모낭으로 연결되며 모공을 통해 피지를 배출한다.

피지선은 전신에 $1cm^2$당 400~900개 정도이며 체모가 없는 손바닥, 발바닥, 아랫입술을 제외한 신체 전반에 분포되어 있다. 특히 얼굴의 T-zone, 목, 두피, 가슴 등에 분포도가 높으며 윗입술, 대음순, 성기, 구강, 점막, 유두, 눈꺼풀 등과 같이 얇은 점막에 있는 피지선은 직접 피부표면으로 연결되는 독립 피지선이다.

피지선의 크기는 남성이 여성보다 크다. 이는 남성호르몬인 안드로겐(Androgen)이 피지선을 자극하여 지질합성을 증가하게 만들어 분비를 촉진하고, 여성호르몬인 에스트로겐(Estrogen)은 피지분비를 억제하는 기능을 하기 때문이다. 따라서 남성이 여성보다 지성피부가 많으며 피부 건조를 지연시켜 여성보다 노화가 천천히 진행된다.

태아와 신생아의 피지선은 모체의 성호르몬의 영향으로 완벽한 형태로 형성되어 출생하고 출생 후 서서히 퇴화된다. 이로 인해 신생아 시기에도 구진 또는 피지 뭉침 등의 여드름 증상이 나타난다.

퇴화된 피지선은 8~10세에 다시 발달하고, 사춘기 때 성호르몬의 영향으로 피지 분비량이 많아져 여드름과 지성피부가 나타난다. 그러나 노화가 진행되면 피지분비량도 줄어들어 개인의 신체 상황에 따라 다르지만 남성은 60세, 여성은 50~60세에 피지선이 퇴화한다.

피지분비량은 건성피부(dry skin), 중성피부(normal skin), 지성피부(oily skin)를 결정하는데 중요한 역할을 하며, 지성피부는 모공을 잘 관리해야 모공이 막히는 것이 예방되며 여드름균에 감염되지 않아 여드름이 잘 발생하지 않는다.

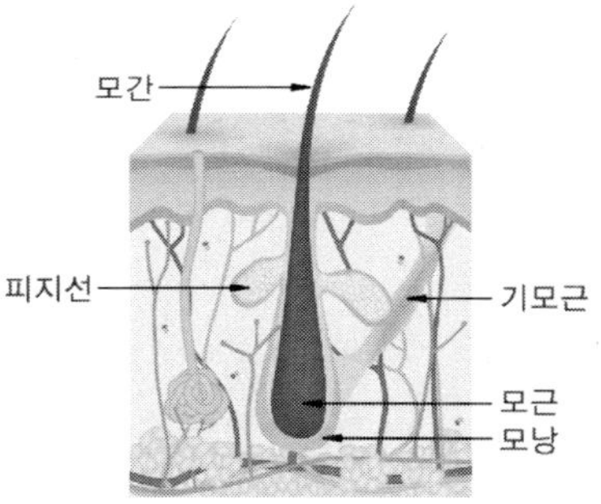

※ 피지의 구성성분과 피지막의 역할

피지선에서는 하루 평균 1~2g 정도의 피지가 분비된다. 분비되는 피지량의 56%는 트리글리세라이드(triglyceride)이며, 왁스에스텔(waxesters) 26%, 스쿠알렌(squalene) 15%, 콜레스테롤에스텔(choles-terol esters) 2%, 콜레스테롤(cholesterol) 1% 순으로 구성되어 있다. 이들 성분은 피부상재균이 분비하는 지방분해효소에 의해 모노글리세라이드(mono-glyceride), 유리지방산, 디글리세라이드(diglyceride)로 분해되고 이때 생성된 유리지방산은 모낭을 자극하여 여드름의 발생 원인이 된다.
피지선에서 분비되는 피지와 한선에서 분비되는 땀은 유화되어 피부 표면에 얇은 피지막을 형성하여 피부의 수분증발을 막아주고, 피부를 보호해 준다.
피지막의 pH는 4.5~5.5의 약산성이므로 피부를 손상시키는 알칼리성 물질을 중화시킨다.
건성피부는 피지분비량이 적어 피지막 형성이 어려우므로 외부의 자극으로부터 피부 손상을 막기 위해 에멀젼을 도포하여 인공 피지막을 형성해 준다.

세안으로 인해 손실된 피지막이 다시 형성될 때 :
① 최초 25분간 피지선 입구에서 피지가 발견
② 약 1시간 후 피부의 주름에 피지가 채워지고 이들이 결합하여 그물 모양을 이룸
③ 2시간 후 피부에 피지가 완전히 도포될 때까지 피지분비가 진행된다.
피지막의 형성은 개인적 차이가 있으나 기본적으로 3~6시간 내에 재생된다.

03 모발(털, Hair)

털은 젖샘이 있는 포유류에게만 존재하며 포유류는 전신이 털로 덮여있다. 사람의 경우 손바닥, 발바닥, 음부, 입술 등을 제외하고 전신에 솜털이 남아있다.
털의 굵기는 인종, 성별, 연령, 부위에 따라 차이가 있다.

1) 모발의 구조

모발은 경단백질인 케라틴(80~90%)으로 구성되어 있으며, 크게 피부 밖에 있는 모간(hair shaft), 피부 속에 있는 모근(hair root), 뿌리쪽에 둥근 부분은 모구(hair bulb)라 하고, 멜라닌세포와 모질세포로 구성되어 있으며 털의 성장이 시작되는 곳이다.
모발에 영양을 공급하는 모유두에는 자율신경과 모세혈관이 분포되어 있어 산소와 영양 공급을 통하여 모발의 성장과 발생을 돕는다.
모유두를 감싸고 있는 모모세포(hair matrix cell)는 새로운 모발세포를 만들어 내며, 모세혈관으로부터 영양과 산소를 공급받아 세포분열을 촉진함으로써 새로운 모발을 형성한다.

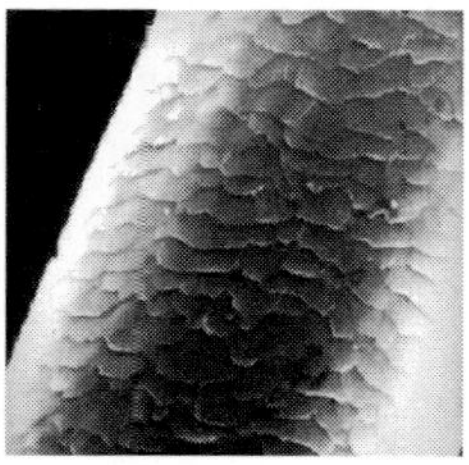

표면구조

내부구조

모발의 단면을 보면 모표피(cuticle), 모피질(cortex), 모수질(medulla)로 나뉜다. 모표피는 모발의 바깥쪽으로 5~15층의 비늘 모양의 케라틴으로 겹쳐져 있으며 모수질을 보호한다. 모피질은 모발의 80~90%를 차지하며 세포들이 길이 방향으로 배열되어 있고, 간충물질과 멜라닌색소를 함유하고 있다. 모수질은 모발의 가장 중심부로 가는 연모에는 없고 경모에 나타나며 공기, 부드러운 각화세포, 영양분으로 기둥을 만든다.

2) 모발의 형태

모발은 모양에 따라 직모(straight hair), 반곱슬(wavy hair), 곱슬모(kinky hair)로 분류한다. 직모는 대부분의 동양인의 모발 형태이고, 반곱슬은 백인의 모발 형태, 곱슬모는 흑인의 모발 형태로 모발이 매우 작게 오그라져 있다.

또한 모발의 굵기에 따라 부드럽고 섬세한 태아의 피부 털은 취모, 성인의 피부를 덮고 있는 털은 연모, 성인의 머리카락, 수염, 눈썹, 겨드랑이 등의 털로 수질을 포함하고 있는 털은 성모로 구분한다. 성모 중 긴 털(머리카락, 액와, 수염 등)은 장모, 짧은 털(눈썹, 속눈썹, 코털 등)은 단모라 한다.

3) 모발의 성장기

모발은 일정 기간이 지나면 자연적으로 빠지고 다시 생성되는 생장기 → 퇴행기 → 휴지기를 거친다.

(1) 성장기(Anagen Stage)

세포분열이 왕성한 시기로 모유두의 모세혈관으로부터 영양과 산소를 공급받아 전체적으로 빠르게 성장하는 시기이며 전체 모발의 80~90%이다. 모발의 성장기는 남성이 3~5년, 여성은 4~6년이고 단모는 3~5개월이다. 그러나 개인의 상태에 따라 다르다.

(2) 퇴행기(Catagen Stage)

성장기가 끝나고 모유두로부터 모근이 분리되어 위로 올라가고 모발의 성장은 느려지다가 정지된다. 전체 모발의 1~2%이며, 약 2~4주간 진행된다.

(3) 휴지기(Telogen Stage)

모유두가 위축되어 모낭이 차츰 줄어들면서 모근이 위로 밀려 올라가서 모낭으로부터 떨어져 나가는 시기로 전체 모발의 10%이며, 3~4개월간 진행된다.

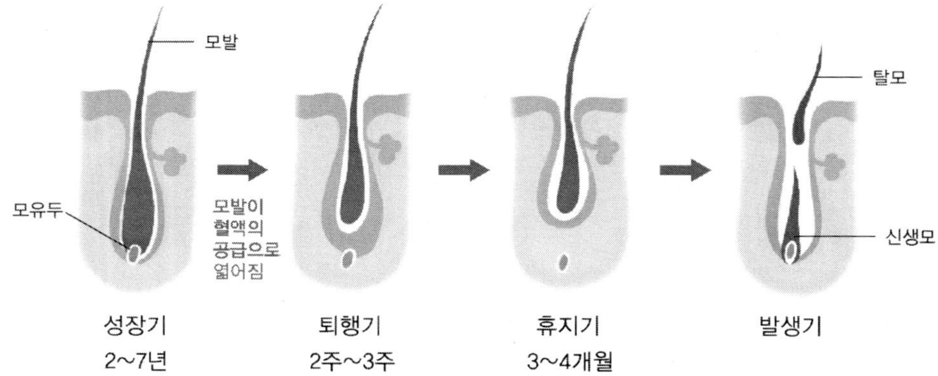

4) 모발의 기능

(1) 보호기능

유해 환경인 햇빛, 화학적 자극, 물리적 자극 등으로부터 피부를 보호하고, 외부의 온도차에 따른 체온 유지 및 조절작용을 한다.

(2) 장식기능

외모를 아름답게 가꿀 수 있는 미용적 기능을 제공한다.

(3) 지각기능

촉각이나 통각을 전달하는 작용을 한다.

04 손톱, 발톱(Nail)

케라틴 단백질로 구성되어 있으며 손가락과 발가락의 끝을 보호한다.

1) 구조

손·발톱의 바디 즉 일반적으로 보이는 부분을 조체 또는 조판이라 하며, 조체를 둘러싸고 있는 부분을 조벽, 조체의 아랫부분에 흰색의 반달모양은 반월이다. 조근은 손·발톱의 성장이 시작되는 곳으로 손톱 밑에 위치하여 볼 수 없지만 매우 부드럽고 얇으며 큐티클을 형성한다.
자유연은 손·발톱의 바디가 끝난 부분부터 손·발톱의 끝부분까지이다.
조상은 조갑의 밑부분으로 모세혈관이 분포되어 있어 손·발톱에 핑크색을 띠며 조소피는 손·발톱을 덮고 있는 피부로 세균의 침입을 막아준다.

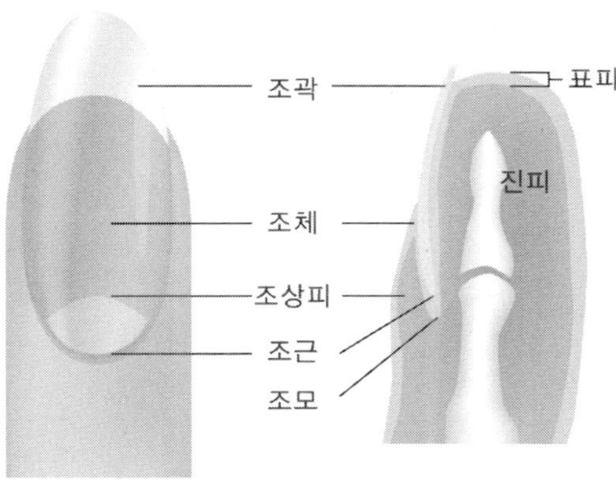

2) 성장

조갑은 태아기(20주)에 거의 완성된다.
1일 평균 0.1mm, 1개월에 3mm 정도 자라는 손·발톱이 완전히 재생되는 데는 4~6개월이 걸린다. 개인에 따라 성장속도에 차이가 있지만 손톱보다 발톱의 성장이 느리고 손·발톱은 조갑이 자라는 것이 아니라 조상과 함께 손·발톱 끝을 향해 이동하는 것이다.

3) 건강한 손·발톱의 조건

조상에 단단하게 잘 부착되어 있고 탄력과 광택이 나며 핑크빛 색상을 유지하여야 한다. 또한 둥근 아치가 선명하고 투명하며 매끄럽고 촉촉한 상태를 유지하여야 하며, 수분은 약 7~10% 함유하고 세균으로부터 감염되지 않아야 한다.

3

피부의 생리

R E A L S K I N

CHAPTER

3 피부의 생리

피부는 신체의 가장 외측에서 외부와 직접 접촉하여 여러 가지 자극으로부터 내부기관을 보호하고, 환경적 변화에 적응시키는 기능으로 생명 유지에 중요한 역할을 담당한다. 주요기능으로는 체온 조절, 비타민 D 생성작용, 분비작용, 물질 흡수작용, 배설작용, 면역작용 등이 있다.

01 피부의 생리적 기능

1) 보호작용

외부환경의 물리적·화학적·생물학적·자외선 등의 자극으로부터 인체 내부를 보호하는 기능

(1) 물리적 자극에 대한 보호작용

각질층의 케라틴에 의한 단단한 결합력, 진피의 콜라겐, 엘라스틴에 의한 탄력성이 충격 흡수, 피하지방의 쿠션역할이 외부자극으로부터 피부를 보호한다.

(2) 화학적 자극에 대한 보호작용

피부 표면은 pH 4.5~6.5인 약산성 피지막이 외부로부터 침투한 세균과 미생물로부터 피부를 보호한다. 일시적 자극에 의해서 피부의 산성막이 파괴되더라도 원상태로 다시 돌아오는 복원능력이 있다.
각질층의 케라틴 단백질과 세포간지질도 외부의 물질이 피부에 침투하는 것을 막기 위해 방어막을 형성한다. 케라틴 단백질과 세포간지질이 부족하면 방어막을 튼튼하게 만들 수 없어 외부물질로부터 피부가 손상된다.

(3) 생물학적 자극에 대한 보호작용

피지막의 pH는 세균 발육 등 생물학적 자극으로부터 피부를 보호하고, 표피의 랑게르한스세포, 진피의 대식세포는 면역기능을 담당하여 피부를 보호한다.

(4) 자외선에 대한 보호작용

피부가 자외선에 노출되면 각질층에서 자외선을 우선 흡수하고, 투명층에서 자외선을 분산시킨다. 기저층에서는 멜라닌 색소를 생성하여 자외선으로부터 피부를 보호한다.

2) 체온조절작용

신체의 정상체온은 36.5℃로 항상성을 유지하여야 한다. 피부는 체온 유지를 위하여 혈관, 피하지방, 한선, 털세움근, 신경 등이 체온조절을 한다. 신체의 열소실의 70%는 피부를 통하여 진행되고 나머지 부분은 호흡과 분비를 통하여 이루어진다. 체온이 높은 경우 혈관이 확장되어 혈액이 피부로 공급되면 열을 표면으로 이동시킨다. 또한, 체온 상승 시 한선의 활동을 자극하여 땀을 표면으로 이동시켜 증발함으로써 열을 소실한다. 체온이 낮은 경우 혈관이 수축하고 피부의 모공이 입모근의 작용에 따라 수축하여 열손실을 막는다. 체온이 급격히 낮아지면 몸을 부르르 떨게 함으로써 에너지를 발생시켜 체온을 상승시킨다.

피하지방층은 신체의 열이 발산되는 것을 막으며 외부의 온도가 신체에 그대로 전달되는 것을 막는 보호막이다.

3) 비타민 D 합성작용

표피에 자외선이 조사되면 과립층에서 7-디하이드로콜레스테롤(7-dehydrocholesterol)이 비타민 D를 합성한다. 비타민 D는 체내에 재흡수되어 칼슘과 인의 대사에 관여하여 뼈의 성장과 발육, 견고함을 유지하고 혈액 내 칼슘농도 및 항상성 유지의 기능을 한다.

4) 분비 및 배설

피부는 피지선에서 피지를, 한선에서 땀을 분비하고 노폐물을 배설하는 작용을 한다. 피지선에서 분비되는 하루 평균 피지의 양은 성인의 경우 1~2g으로 이를 피부표층으로 분비한다. 피지선은 남성호르몬의 자극을 받으므로 여성보다 남성이 피지 분비량이 많다.

한선에서 분비되는 땀의 성분은 수분 99%, 기타 1%로 이는 체온조절과 피지막을 형성하여 피부표면에 수분이 증발하는 것을 막고, 세균으로부터 방어하는 살균작용을 한다.

5) 저장작용

피부는 에너지로 사용하고 남은 영양물질을 수분과 함께 체내에 저장하고, 피하지방층은 지방을 저장하여 외부의 물리적인 충격으로부터 신체를 보호한다. 그러나 신체에 지방이 필요할 때는 저장된 지방을 가져다 사용하기도 한다.

6) 감각작용

피부는 전신에 200~400만 개의 감각신경종말수용체를 가지고 있어 촉각, 온각, 냉각, 압각, 통각을 느낀다. 이들은 신체의 방어체계와 밀접한 관계성이 있으며 감각수용체의 기능이 떨어지면 외부의 동상이나 화상 등의 위험요소로부터 방어 능력이 떨어진다.
피부에는 1㎠당 촉각점 25개, 온각점 1~2개, 냉각점 12개, 압각점 6~8개, 통각점 100~200개로 통증을 가장 민감하게 느끼고, 따뜻함에 대해 가장 둔하게 느낀다. 이들 감각수용체는 표피, 진피, 피하조직 및 모낭의 주위에 전반적으로 분포되어 있다.

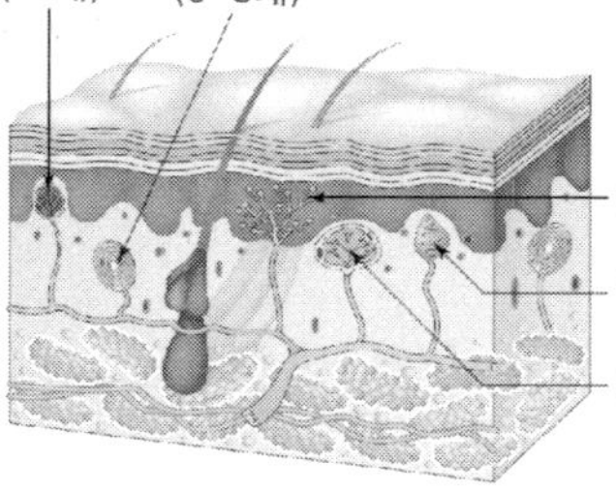

7) 흡수작용

피부가 신체 내부로 외부물질을 흡수하는 경로는 세포간지질과 레인막 때문에 쉽게 이루어지는 과정이 아니지만 그러나 피부는 소량의 외부물질을 흡수하는 능력을 가지고 있다. 모공을 통한 흡수는 모발의 뿌리가 진피층에 존재하기 때문에 외부 물질을 흡수하는데 용이하다. 그러나 각질층을 통해 흡수되는 경로는 세포와 세포 사이가 지질로 구성되어 있어 수용성물질은 흡수가 어렵고 성질이 같은 지용성물질은 흡수가 용이하다. 따라서 수용성물질인 비타민 C를 피부에 흡수시키고자 할 때는 이온토포레시스를 활용한다.

8) 면역작용

외부로부터 이물질 또는 세균이 체내로 침입하는 것을 방어하는 능력으로 표피의 유극층의 랑게르한스세포, 진피층의 대식세포가 전방의 면역세포들이다. 면역세포들은 항원, 항체반응을 보여 두드러기, 소양감, 아토피 피부염, 습진 등의 면역반응이 나타난다.

02 피부의 흡수경로

1) 흡수의 정의

흡수되는 경로는 침투, 투과, 흡수, 재흡수가 있다.

① **침투** : 외부의 물질이 피부를 통하여 피부 내부로 침입하는 과정
② **투과** : 침투된 물질이 표피를 통과하는 과정으로 모공, 한선, 세포, 세포 사이를 통하여 진피로 유입되는 과정
③ **흡수** : 외부로부터 침투된 물질이 표피를 통과하는 과정 중에서 신체의 물질과 결합하여 화학적 반응을 일으키거나 자신의 고유한 성질대로 피부 신진대사에 관여하는 과정
④ **재흡수** : 흡수의 과정을 통한 물질이 혈관, 림프, 조직 등으로 흡수되어 전신으로 확산되는 과정

2) 경피흡수

외부물질이 피부표면을 통하여 진피까지 흡수되는 과정을 경피흡수라 하고, 이러한 과정은 다양한 경로를 가지고 있다.

(1) 피부 부속기관을 통한 흡수

피부표면에는 여러 가지 부속기관들이 있는데 그중 한공과 모공의 뿌리가 진피에 위치하고 있어 이들의 구조물인 한선과 피지선, 모낭벽을 거쳐 진피로 흡수된다. 각질층으로 직접 통과하는 경로보다 빠르고 신속하다.

(2) 각질세포로의 흡수

표피를 구성하고 있는 세포 자체를 직접 통과하는 과정으로 한 번에 가장 많은 양을 흡수 시킬 수 있는 장점이 있지만 피부구조상 원활한 흡수가 어렵다. 일반적으로 각질층까지는 쉽게 흡수될 수 있지만 투명층의 엘라이딘 성분과 과립층의 피부장벽은 아주 견고하기 때문에 통과가 쉽지 않다. 따라서 피부에 흡수되기 어려운 물질은 갈바닉기기, 이온토포레시스 등 미용기기의 도움으로 가능하며 피부세포와 성질이 비슷한 스테로이드계 호르몬제는 흡수가 용이하다.

(3) 각질세포 사이로 흡수

세포와 세포의 사이 간격이 미세하기 때문에 일반적인 입자는 흡수가 어렵다. 따라서 최근 고도의 기술들을 도입하여 화장품을 마이크로 크기까지 제조하고 있다. 그 중 초미립 캡슐과 리포좀의 형태를 이용하여 세포 사이 간격보다 미세하게 만들고 피부에 흡수시키고자 하는 유효성분인 수용성 및 지용성을 함유한 제품을 제조하였다. 이들은 세포막과 유사한 형태로 제조되어 세포 내로 잘 흡수되는 특징이 있다.

3) 피부흡수 장애요소

피부는 외부물질에 대한 방어능력이 뛰어나다. 즉 외부물질이 피부에 흡수되려면 여러 경로를 통하여 흡수되는데 이때 많은 장애요소들이 있다.

표피의 각질층은 피부를 보호하기 위해서 피지와 땀으로 피지막을 형성한다. 피지막은 약산성으로 외부물질을 중화시키고, 외부환경으로부터 피부를 강력히 방어한다. 또한 각질세포 사이는 층판소체에서 분비된 지질성분들에 의해 단단하고 견고한 방어막을 형성한다.

투명층에는 수분저지막이 존재하여 외부의 물질을 받아들이지 않고, 내부의 물질이 외부로 빠져나가는 것도 억제해준다. 일반적으로 목욕탕에 가면 손가락, 발가락이 쭈글쭈글한 상태가 되는 것도 이 때문이다.

외부물질이 피지막, 각질세포의 지질성분, 수분저지막을 무사히 통과하여도 세포에 흡수되어야 하는데 세포의 특성상 세포막은 인지질로 구성되어 수용성과 지용성 물질만 흡수한다. 그리고 세포막은 삼투작용에 의해서 물질을 흡수하기 때문에 삼투막 통과에 적절하지 않으면 세포막을 통과하여 들어가기가 어렵다. 따라서 외부물질이 세포에 용이하게 흡수될 수 있도록 갈바닉기기를 활용하고, 세포막의 지질구조와 유사한 리포좀을 활용하여 효과적으로 흡수시킨다. 또한 피부의 습도와 온도, 혈액순환, 각질층의 두께, 연령에 따라서도 흡수도가 달라진다.

03 피부의 pH

pH(power of hydrogen ions / potential hydrogen)는 물질의 산성이나 알칼리성의 정도를 나타내는 수치로서 수소이온농도의 지수이다. pH 값은 0~14까지 농도를 나타내는데, 중성인 pH 7을 기준으로 pH 0쪽으로 갈수록 강한 산성을 띠고, pH 14쪽으로 갈수록 강한 알칼리성을 띤다. 피부의 pH는 피부의 pH가 아니라 피지와 땀에 의해서 형성된 피지막의 pH를 나타낸다.

피지막은 외부의 유해물질로부터 피부를 보호하는 방어기능을 하고, 피부 표면에 존재하는 세균, 미생물 등의 증식을 억제하여 소양감, 홍반, 자극, 감염 등으로부터 피부를 보호한다. 이때 땀의 분비가 많은 여름철의 경우 산성막이 중화되면 방어기능이 저하되어 피부표피가 알칼리성으로 변하게 되고 세균 등의 번식이 쉬워진다.

피부의 이상적인 pH는 4.9~7.4이다. 그러나 신체부위, 성별, 피부 유형 등에 따라 다르고 계절, 날씨, 세안 조건, 목욕, 영양 상태, 화장품, 소화기능 등에 영향을 받는다.

피부의 산성도는 남성 5.2, 여성 5.8, 어린이 6.5, 여드름 피부 7.5로 여성보다 남성이 낮다. 여성은 월경 전후에 pH가 낮아진다. 피부 유형별로는 지성피부는 pH 4.5~5, 건성피부 pH 6~6.5이다.

피부의 피지막은 약산성으로 외부의 유해물질로부터 피부를 보호하는데, 여러 가지 요인에 의해 산성도의 균형을 잃게 되면 알칼리 성질을 가진 미생물이 피부와 접촉해도 활동을 저지하는 산성막이 없으므로 미생물의 활동성이 커진다.

일상생활에서 알칼리성 비누로 세안을 하게 되면 피부표면의 피지막은 산성도가 파괴되지만 약 2시간 이상 경과하면 자연스럽게 피지막이 형성되어 다시 약산성 상태를 유지할 수 있다. 그러나 피지막이 형성되는 2시간 동안 피부는 외부의 유해물질을 전혀 방어할 수 없게 된다. 이때 외부의 유해물질이 피부에 감염되면 피부는 여러 가지 피부병변을 일으킬 수 있기 때문에 알칼리성 비누로 세안을 하게 되면 땀 대신에 화장수를, 피지 대신에 로션을 이용하여 인공적 피지막을 형성하여 피부의 신속한 피지막 형성을 도와주어야 한다. 이러한 알칼리성 세안제를 장기적으로 사용하게 되면 피부의 산성막이 중성이나 알칼리성의 성질로 기울게 되고 세균의 번식이 쉬워져서 피부병변이 발생될 가능성이 높아진다. 특히 세균의 번식과 관계가 깊은 여드름이 발생될 확률이 높아진다.

따라서 피부 표면은 항상 pH 4.5~5.5를 유지하여야 한다. 피부 각질층의 케라틴 단백질이 응고가 일어나면 탄력성과 피지선의 기능이 저하되어 피부의 신진대사과정이 원활하지 않게 된다.

4

피부유형과 특징

REALSKIN

CHAPTER 4

피부유형과 특징

피부의 유형은 일반적으로 건성, 중성(정상), 지성 등으로 분류한다. 피부의 유형은 윤기, 탄력, 피부색 등 피부표면의 상태로 분류하는 것이 아니라, 피지선(유분량)과 한선(수분량)의 기능이 정상적이냐 아니냐에 따라 분류한다. 또한 개인의 특유한 상태 즉 연령, 성별, 스트레스, 유전인자, 수면, 질병, 신체 조건, 영양 상태, 심리 상태 등과 계절, 기후, 환경, 사용하는 화장품 등 외부환경에 따라서도 피부유형이 항상 변화할 수 있다. 따라서 우리가 원하는 가장 이상적인 피부는 피지선과 한선의 기능이 정상적인 피부이며, 이는 유아기에 나타나는 피부 상태를 의미한다. 그러므로 아름다운 피부를 만들기 위해서는 균형 잡힌 식사, 심신의 안정, 신체기능 정상화, 자외선으로부터 피부보호, 수면, 올바른 화장품 선택과 사용법, 적당한 피부관리가 요구된다.

건강한 피부의 조건

- 소구와 소릉의 격차가 없는 피부
- 윤기가 있는 피부
- 혈색(분홍빛)이 좋은 피부
- 탄력이 좋은 피부
- 매끄러운 피부
- 주름이 없는 피부
- 부드럽고 촉촉한 피부
- 모공이 섬세한 피부
- 맑고, 깨끗한 피부
- 잡티가 없는 피부

01 건성피부(Dry skin)

건성피부는 충분한 수분 섭취 부족, 불규칙한 식생활, 스트레스, 음주, 편식, 자외선, 알칼리 비누, 바람, 대기오염, 부적절한 화장품 사용, 노화현상, 외부환경, 잘못된 피부관리 습관, 잦은 면도 등으로 인해 발생하며, 신진대사의 기능이 저하되는 환절기와, 환경적으로 건조한 계절에도 피부가 건성화 된다. 이렇게 다양한 원인을 갖는 건성화는 피부표면에 나타나는 상태가 다른 타입의 피부와 크게 다르지 않기 때문에 육안으로 원인을 파악하기에는 어려움이 있다.

일반적으로 건성피부는 외관상으로는 모공이 작고 피부 결이 고와서 아주 좋아 보이는 피부이다. 그러나 피지선의 기능이 저하되고, 피지분비를 원활하게 하는 안드로겐 호르몬의 분비가 원활하지 못하거나, 한선의 기능이 저하되어 땀의 분비가 적어지고, 피지막 형성 능력과 보습능력이 떨어져 유분과 수분이 불균형한 상태로, 윤기가 없고 건조한 상태이다. 특히 자연적 노화에 의해서 신체기능이 저하되거나 건조한 계절인 겨울이 오면 건조함이 더욱 심해지고 피부방어능력이 저하되어 피부병변이 발생할 수 있다. 건성피부는 유·수분의 부족현상으로 세안 후 당김을 느끼거나, 각질(버짐)이 일어나고, 피부의 탄력이 저하되어 처짐현상과 함께, 메이크업이 잘 받지 않으며, 눈과 입주위에 잔주름이 발생한다. 따라서 건성피부는 관리가 소홀하면 노화의 속도가 다른 피부타입보다 빨라진다.

특징

- 각질층의 수분함량이 10% 이하이다.
- 유·수분의 불균형
- 모공이 작다.
- 화장이 잘 받지 않고, 들뜬다.
- 피부표면이 항상 건조하고 윤기가 없다.
- 피부가 얇고 피부 결이 섬세해 보인다.
- 세안 후 손질을 하지 않으면 피부가 심하게 당긴다.
- 잡티가 없다.
- 소구는 극히 얇고 소릉의 높이는 명확하지 않다.
- 크림류의 흡수력이 빠르다.
- 잔주름이 많으며 피부 탄력이 없다.

관리방법

- 충분한 수분을 공급한다.
- 온도차가 큰 물은 피하고 미온수를 사용한다.
- 과도한 자외선, 사우나, 온탕 등의 자극을 피한다.
- 무알콜 유연화장수를 사용한다.
- 비타민 A, E가 함유된 크림, 에센스, 화장수를 사용한다.
- 신진대사가 활발해지도록 피부의 기초손질을 충분히 한다.
- 영양팩을 1주일에 2회 정도 한다.
- 클렌징은 밀크타입 또는 크림타입, 무자극 클렌징을 선택한다.
- 실내 온도와 습도를 피부에 맞게 조절한다.
- 히알루론산, 세라마이드, 아보카도, 알로에베라, 호호바 등이 함유된 제품을 선택한다.

1) 표피 수분부족 건성피부

건성피부는 한선과 피지선의 기능이 저하되면서 나타나는 피부 형태로, 그중에 표피 수분부족 건성피부는 한선과 피지선의 기능은 정상이나 피부표면에서 보유해야 하는 기본적 수분 함량이 부족한 피부상태를 말한다. 외관상으로는 일반 건성피부의 표피 상태와 유사하다.

표피 수분부족 건성피부의 원인은 외부환경, 자외선, 냉난방기, 찬바람, 잘못된 화장품 사용 등 외적요인이 주된 원인이다. 정상적 피부도 환경적 악조건에 장시간 노출되면 피부의 기능적 한계점에 도달해서 수분이 증발하여 피부가 건조해진다. 이는 겨울철 난방과 찬바람이 대표적인 예이다. 따라서 보습력을 보충할 수 있는 수분보습 관리를 꾸준히 해야 한다. 만약 손질을 게을리 하거나 방치하면 조기 노화 또는 진피 수분부족 피부로 발전하게 된다.

특징

- T-Zone은 모공이 크고, 윤기가 있다.
- 주름이 쉽게 나타나지 않는다.
- 피부조직이 얇아 보이지 않는다.
- 지성피부도 관리를 소홀히 하면 나타날 수 있다.
- 피부에 표피성 잔주름이 형성된다.
- 연령에 관계없이 나타난다.
- 원인은 외부의 환경적 요인이다.

2) 진피 수분부족 건성피부

표피 수분부족 건성피부는 외부환경적 자극으로부터 나타나는 피부 형태인데 비해 진피 수분부족 건성피부는 피부 자체의 기능에 문제가 생겨서 나타나는 피부 형태이다. 진피층은 콜라겐, 엘라스틴, 기질, 뮤코다당류 등으로 구성되어 있고 이들을 생성하는 섬유아세포가 있다. 진피 수분부족 건성피부는 섬유아세포와 주위의 수분을 빨아들여 피부가 수분을 보유할 수 있게 해주는 콜라겐 단백질의 기능 저하 또는 손상에 의해서 나타나는 형태이다.

20세 이후 차츰 노화가 진행되면서 신체의 생리적 기능이 저하되면 모든 세포와 조직의 기능도 떨어지게 된다. 이러한 과정으로 섬유아세포의 기능도 저하되어 콜라겐 생성을 못하면 수분 보유능력이 떨어져 탄력이 없어지고, 주름이 형성된다. 이러한 현상은 자연적 노화현상이다. 자연적 노화현상은 60세 이상에서 나타나는 현상인데 최근 자외선, 유해환경, 지나친 다이어트, 영양결핍 등으로 조기노화가 진행되어 피부 내부에서 생성된 유리기들이 섬유아세포를 파괴하고 콜라겐 조직을 손상시켜 진피 수분부족 피부를 야기한다. 이러한 피부는 회복이 불가능하여 피부노화현상이 필연적으로 진행된다.

특징

- 피부당김이 피부 깊은 곳에서부터 심하게 느껴진다.
- 색소침착이 발생되기 쉽다.
- 눈 밑, 입가, 뺨, 턱 부위에 건조함이 심하다.
- 피부가 거칠고, 탄력이 없다.
- 진피성 굵은 주름이 형성된다.

3) 유분 결핍의 건성피부

피부의 피지막은 피지선과 한선의 기능이 정상적으로 활성화되어 피부를 보호하기 위해서 만들어지는 보호막이다. 유분 결핍의 건성피부는 두 개의 분비선 중에 피지선의 기능이 저하되어 분비되는 피지량이 감소하면 피부가 거칠어지고, 윤기가 없으며, 탄력이 떨어지는 현상이 나타난다. 이러한 현상은 유분이 많은 제품을 오랫동안 사용하게 되면 피지선의 기능이 저하되어 배출되는 피지량이 감소한다. 따라서 피부에 당김현상이 나타나고 각질과 주름이 발생하며, 모세혈관 확장증과 예민하고 민감한 피부상태가 된다.

유분 결핍의 건성피부 관리는 피지선의 기능을 활성화시키는데 목적을 두고 관리계획을 수립한다.

특징

- 예민하고 민감하다.
- 각질과 주름이 형성된다.
- 피부에 윤기가 없다.
- 피부가 거칠고, 탄력이 없다.
- 모세혈관 확장증이 나타난다.

4) 유분과 수분 결핍의 건성피부

한선의 기능이 저하되면 피지선의 기능도 함께 저하된다. 즉 피부에 수분이 부족해지면 유분도 자연적으로 부족해지는 현상이 나타난다. 여드름 피부나 지방성 피부를 관리할 때 피지를 제거하는 관리를 심하게 하게 되면 이 또한 역반응으로 수분도 부족해져 유분과 수분이 모두 부족해지는 현상이 나타난다. 그래서 피부 결은 곱고 섬세하나 탄력이 없으며, 예민하다.

여름철 냉방기 또는 겨울철 난방기로 인하여 건조해진 환경에 장시간 머물게 되면 수분 증발이 진행되어 유분과 수분의 균형이 깨져 피부 당김과 늘어짐이 심해진다. 따라서 유분과 수분의 균형을 유지하는 관리를 지속적으로 하여 피부 당김과 노화를 예방한다.

특징

- 예민하고 민감하다.
- 피부 결은 곱고, 섬세하다.
- 피부에 탄력이 없다.
- 당김이 심하다.
- 주름이 형성된다.

02 중성피부(Normal skin, 정상피부)

피부의 전체적인 생리기능 및 피지선과 한선의 기능이 정상적으로 활성화된 가장 이상적인 피부로, 모든 피부가 지향하는 가장 이상적인 피부이다. 노화가 진행되기 전 피부병변이 있는 피부를 제외하고, 10~20대 초반의 피부에서 흔히 볼 수 있다.

피부가 유연하고 깨끗하며 결이 곱고 혈색이 좋다. 또한 피부가 촉촉하고 탄력도 좋다. 외부의 유해 요인으로부터 저항력도 있고, 화장도 오랫동안 지속된다.

중성피부는 신체의 모든 기능이 균형을 이루고 있어 건강하고 아름다운 피부이다. 그런데 이러한 이상적인 피부는 환경, 영양상태, 내분비계, 질병, 등의 영향으로 건성 또는 지성으로 변화하기 쉽다. 그러므로 손질을 꾸준히 해야 한다.

특징

- 각질층의 수분 함량이 15%
- 모공이 작고, 피부 결이 섬세하다.
- 피부가 촉촉하다.
- 혈색이 좋고, 탄력성이 좋다.
- 화장이 오랫동안 지속되고 지워지지 않는다.
- 세안 후 당기거나 번들거리지 않는다.
- 피부저항력이 좋다.
- 피부에 잡티, 피부병변이 없다.
- 피부표면이 윤기가 있고 매끄럽다.

관리방법

- 계절에 따라 적절한 관리를 요한다.
- 규칙적인 관리가 필요하다.
- 수분과 유분을 균형 있게 공급하는 관리가 필요하다.

03 지성피부(Oily skin)

피지선을 자극하는 남성 호르몬의 증가로 피지선의 기능이 항진되면 피지가 과도하게 분비되는데, 이러한 피부를 지성피부 또는 지루성피부라고 한다. 피지선은 유년기 이전에는 활성화되지 않다가 사춘기를 기준으로 호르몬 분비가 왕성해지면 남성호르몬인 안드로겐이 증가하여 피지선을 자극한다.

후천적 요인인 스트레스, 오염된 공기, 인스턴트식품, 황체호르몬의 증가, 고온다습한 기온, 변비, 갑상선호르몬의 불균형, 위장장애, 불면증 등도 피지분비에 영향을 미친다.

지성피부는 피지가 과다 분비되므로 피부가 번들거리고 각질이 두꺼워지며, T-zone을 중심으로 모공이 넓어진다.

피지선의 자극으로 과다 분비된 피지가 피부 밖으로 흘러나오지 못하고 모공 속에 쌓이게 되면 박테리아에 의해 변질되고 모낭벽에서 떨어진 각질세포들은 모공의 통로를 막아 여드름을 유발하거나 세균에 의한 피부병변을 일으킬 수 있다. 사춘기를 지나 성인이 되면 피지선은 기능이 퇴화되어 여드름 발생이 적어진다.

사춘기 때 지성피부는 중년이 되어도 건조화되는 시기가 늦어져 피부노화 시기도 늦어진다.

특징

- 피지분비량이 많아 번들거린다.
- 남성호르몬(안드로겐), 여성호르몬(프로게스테론)의 영향을 받는다.
- 피부 결이 울퉁불퉁하다.
- 블랙헤드가 있다.
- 모공이 넓고 여드름 등의 피부병변이 발생한다.

관리방법

- 피지 제거와 세정을 목적으로 한다.
- 지성피부 전용제품을 사용한다.
- 소염, 진정, 도공수축작용을 겸비한 화장수를 사용한다.
- 규칙적인 생활을 한다.(수면, 정신건강, 변비 등)
- 딥클렌징(스크럽, 효소필링)을 정기적으로 하여 노화각질을 제거한다.
- 피부를 청결하게 유지하고, 산성막이 파괴되지 않도록 약산성 세안제를 사용한다.
- 비타민 A, 비타민 B군(B, B_2, B_6 등)이 함유된 식품으로 여드름 예방한다.
- 기호식품의 과다섭취를 피한다.

- 유성 지루성피부는 젤 또는 플루이드 타입의 무지방 제품을 오전·오후에 사용한다.
- 건성 지루성피부는 보습효과가 뛰어난 O/W 타입의 에멀전을 사용한다.
- 지방과 당분이 다량 함유된 식품은 섭취를 삼가한다.
- 오일, 유분 함유크림은 사용을 자제한다.

1) 유성지루피부(Seborrhea oleosa)

과다하게 분비된 피지가 지방막을 두껍게 만들어 항상 번질거리는 피부 형태이다. 피부의 유분과 수분의 균형이 깨져 저항력이 저하되어 면포, 구진, 농포 등을 발생시킬 수 있다. T-zone뿐만 아니라 전반적으로 모공이 크고 비듬과 귀지도 많아진다. 피부가 오염되지 않도록 잘 관리하면 여드름을 예방할 수 있고, 관리가 소홀하면 여드름을 발생시킨다. 남성호르몬에 의해서 피지선이 영향을 받기 때문에 여성보다 남성이 지방성 피부가 많다.

특징

- 피부의 번질거림이 심하다.
- 피부가 쉽게 예민해지지 않는다.
- 두피와 모발에도 기름이 지며, 비듬과 귀지가 많이 생긴다.
- 햇빛에 의한 색소침착현상이 빠르다.
- 피부가 두껍고 둔탁해 보인다.
- 화장이 잘 받지 않으며 잘 지워진다.
- 피부가 거칠고 모공이 넓으며 피부 표면이 귤껍질같이 보이기 쉽다.
- 여성에 비해 남성에게 많다.
- 소구와 소릉의 형태가 불규칙하다.
- 면포 등 여드름 발진현상을 일으킬 수 있다.

2) 건성 지루피부(Seborrhea sicca)

피지선의 기능은 항진되고 한선의 기능은 저하되는 타입으로 수분이 부족하여 당김 현상이 발생하는 피부 유형이다. 유분과 수분의 균형이 깨지고, 외부환경에 민감한 피부이다. 원인으로는 스트레스, 기후, 환경적 요인, 계절 등의 내·외적 요인이 수분부족 현상을 야기하면서 나타난다.

비타민 A의 부족으로 피부가 과각질화 되면 여드름을 발생시킨다. 피부 상태는 얼굴에 작은 알갱이가 형성되고, 색소침착, 면포, 농포, 잔주름이 유발된다. 또한 스트레스, 무분별한 다이어트, 불안, 육체적 피로 등은 부정적 요인이다.
남성보다는 여성에게 많이 나타나고, 관리하기가 어렵다.

특징

- 피부가 두껍게 보인다.
- 예민하여 쉽게 붉어진다.
- 피부색이 창백하다.
- 피부 표면이 매끈하지 않아 화장이 잘 받지 않는다.
- 여드름이 발생하면 치유하는 데 시일이 걸린다.
- 표피성 잔주름이 쉽게 나타난다.
- 여드름 발생의 위험성이 높다.
- 피부표면이 건조하고 각질이 일어난다.

04 복합성 피부(Combination skin)

복합성 피부란 한 사람의 얼굴에 두 가지의 피부 형태가 공존하는 피부 유형을 말한다. 즉 하나의 피부에 건성과 지성이 공존하고 있는 것이다. 동양 여성, 특히 우리나라 여성에게 많이 나타나는 유형이다. 일반적인 복합성 피부의 T-zone 부위는 지성피부로 모공이 크고, 기름기가 많으며, 여드름 발생확률이 높다. U-zone은 건성피부로 모공이 작고, 피지분비와 보습력이 감소하여 세안 후 당김 현상이 있으며 주름이 형성된다. 화장품 성분에도 민감하게 반응한다. 관리방법으로는 피부타입에 따라 부위별로 적합하게 관리하여 다른 문제성 피부가 되지 않도록 예방한다.

특징

- U-zone은 세안 후 당김이 심하다.
- 피부조직이 전체적으로 일정하지 않다.
- 광대뼈, 볼 부위에 색소침착이 나타나는 경우가 많다.
- 눈가에 잔주름이 쉽게 생긴다.
- T-zone 부위의 모공이 크고, 번들거리며, 면포 등 여드름 발생이 쉽다.

관리방법

- 부위에 따라 차별적인 관리를 해야 한다.
- 계절, 환경에 민감하게 반응하니 적절한 관리를 한다.
- 팩, 마스크류도 부위별 피부 상태에 맞추어 다르게 적용한다.
- 예민화된 부위는 예민성 피부와 동일하게 관리를 한다.
- T-zone 부위는 지성용 화장품, U-zone 부위는 건성용 화장품을 사용한다.
- 세안과 딥클렌징(스크럽 제품 또는 효소제품을 사용)은 T-zone 위주로 철저히 행한다.

5

문제성 피부

REALSKIN

CHAPTER 5

문제성 피부

01 여드름(Acne)

그리스어 'akme(점)'에서 유래된 여드름은 의학계에서 '심상성 좌창'이라고도 한다. 여드름은 다양한 원인에 의해 발생하지만 특히 각질의 과각화 현상 또는 과다한 피지 분비로 인하여 폐쇄된 모공 속에서 만성적으로 발생하는 염증성 질환으로 피지선이 발달한 얼굴, 등, 목, 가슴 등에 발생한다.

성호르몬은 피지선을 자극하고, 활성화된 피지선의 영향을 받은 여드름은 사춘기에 시작되어 20대 중반쯤 쇠퇴하며 여성보다 남성의 발생 빈도가 높다. 이러한 여드름은 외모에 가장 관심이 높은 청소년기에 귤껍질처럼 울퉁불퉁하고, 모공은 커지며, 흉터까지 남기는 피부현상을 유발한다. 그렇기 때문에 스트레스로 작용하며 자신감 상실과 우울감 등을 초래하여 일상생활에 영향을 미치기 때문에 적절한 관리가 필요하다.

1) 발생시기

(1) 영아기

영아기에 나타나는 여드름의 형태를 신생아 여드름(acne neonatorum)이라 한다.

신생아 여드름은 산모에게 분비된 황체형성호르몬이 태아에게 영향을 미쳐 나타나는 현상으로 신생아의 이마, 코, 뺨에 구진 또는 농포가 발생하는 현상이다.

(2) 사춘기

성호르몬의 영향으로 사춘기 때 피지선의 기능이 활발해져 청소년기에서 성년이 되기 전까지 발생하는 여드름의 형태로 유전적 요인도 영향을 미친다.

(3) 성인기

여드름은 사춘기 때 발생했다가 20대 성인이 되면 자연스럽게 사라지기도 하지만 경우에 따라서 20대 이후에 나타나는 여드름은 남성보다 여성이 3배 이상 많으며, 심하지 않은 염증성 병변으로 계절에 관계없이 턱과 입주위에 발생하는 특징을 보인다. 또한 여드름 피부의 특징인 피지 분비도 많지 않다. 이때 발생하는 여드름은 대부분 스트레스, 수면 부족, 소화불량, 약물, 잘못된 식습관, 오염된 손으로 만지거나 화장품, 압출, 의약품, 흡연, 환경, 생리 등 후천적 요인이 여드름 발생의 원인이 된다.

2) 발생 부위별 원인

여드름은 발생부위에 따라 서로 다른 원인이 있다.

① **이마** : 호르몬의 불균형, 모발에 의한 자극, 생리불순
② **코 주변** : 부신피질 기능 항진
③ **뺨** : 변비, 위장장애, 식사 불균형(당분과 지방분 과잉섭취)
④ **입 주변** : 위장장애, 비타민 B 부족, 생리 전후, 냉증
⑤ **턱 주변** : 냉증, 접촉염, 생리 전후, 장 기능 약화
⑥ **목** : 자외선, 향수에 의한 민감 반응, 호르몬 불균형
⑦ **가슴, 등** : 호르몬 불균형

3) 여드름의 원인

(1) 내적요인

① **유전과 호르몬**

유전은 어버이의 고유한 특성이 자손에게 대물림 되는 현상으로 얼굴의 형태, 피부색 등을 의미한다. 따라서 80% 이상이 어버이의 여드름성 피부가 후손에게 유전되어 발생한다.

여드름은 남성호르몬(안드로겐, androgen)인 테스토스테론(testosterone)이 피지선을 자극하여 피지가 정상보다 과잉으로 분비되므로 피지선이 과도하게 발달하고 크기도 커지며, 피지선의 수도 많아진다. 또한 각화과정도 촉진시켜 모낭 내에 죽은 세포가 과도하게 쌓여 피부표면으로 흘러나오지 못하고 모낭벽에 쌓여 피지와 함께 뒤엉켜 모공 입구를 막아 여드름을 발생시킨다.

남성의 경우 호르몬의 분비가 많아지는 사춘기 때 발생하는 경우가 대부분이지만 여

성의 경우는 월경 전에 황체호르몬의 분비가 증가하면 피지선을 자극하여 여드름이 발생하기도 하고, 갱년기 또는 폐경기 때 여성호르몬의 분비량은 감소하는 대신 남성호르몬의 분비량이 증가하여 턱과 볼을 중심으로 구진, 농포 형태의 여드름이 발생하기도 한다. 이러한 경우 에스트로겐(estrogen)이 다량 함유된 피임제를 적절히 사용하면 여드름을 예방할 수 있다.

② 스트레스

스트레스는 다양한 종류(불안, 분노, 학업, 압박 등)로 인간의 모든 삶의 영역에 존재하고, 인간은 이러한 스트레스를 받으면 뇌하수체를 자극하여 부신자극호르몬을 분비시킨다. 그러면 부신은 스트레스 대항호르몬인 코티솔을 분비하게 된다. 코티솔은 남성호르몬 분비를 촉진하게 되고, 그로 인해 피지선이 자극을 받아 피지를 과잉 분비하게 되어 여드름이 발생하는 생리적 현상이 나타난다.

③ 위장장애

인간이 삶을 즐기는 여러 가지 방법 중에 하나가 먹는 즐거움이라 한다. 그런데 즐거움과 상관없이 여러 가지 요인에 의해서 섭취하는 대로 모두 소화가 되는 것은 아니다. 위장과 장의 기능이 떨어지면 장 속에 음식물이 오래 머물게 되고 변비가 생기게 된다. 이들은 부패하면서 독소를 배출하고 독소는 다시 혈액 속으로 흡수된다. 그러면 간의 기능에 과부화가 일어나 기능이 떨어지고 이로 인해 여드름이 발생될 수 있다. 따라서 원활한 소화흡수를 위해서 섬유질이 많은 음식과 수분을 충분히 섭취하고, 튀긴 음식이나 지방이 많은 음식, 인스턴트, 무분별한 다이어트, 편식으로 인한 영양의 불균형 등을 개선하는 것이 여드름을 예방하는 방법이다.

(2) 외적요인

① 계절

우리나라는 뚜렷한 4계절로 자연의 아름다움을 다양하게 느낄 수 있는 장점이 있지만 피부는 이러한 계절변화에 따른 적응력을 길러야 보호될 수 있다. 특히 한여름의 고온다습한 기후는 피지선을 자극하여 피지 생산량을 증가시키고, 증가한 땀과 피지는 박테리아의 서식지가 될 수 있다. 그 결과 여드름을 유발할 수 있는 환경을 조성하게 된다. 그러므로 청결한 관리가 여드름을 예방하는 방법이다.

② 햇빛

지구상의 모든 생명체는 생리적 대사에 필요한 에너지를 햇빛으로부터 공급받는다. 피부도 햇빛에 의해 비타민 D 합성, 멜라닌세포의 자극 등에 필요한 에너지를 공급받지만 건조함, 주름의 증가 등의 다양한 피부질환이 발생하기도 한다.

헤모글로빈, 혈색소 등에 모핵이 되는 포르피린(porphyrin)은 여드름을 발생시키는 세균에도 존재하는데 햇빛을 받으면 강력한 형광이 발생하며 독성물질로 변하게 되어 여드름을 악화시키는 원인이 된다.

③ 화장품

화장품의 기본원료로 수성원료와 유성원료를 사용하는데 유성원료의 함량이 많은 제품은 유분 과잉으로 모공을 막아 여드름을 유발한다. 또한 면포를 자극하는 지방류, 특정 알코올류, 특정성분의 함량이 초과된 화장품을 사용하게 되면 피부에 자극을 유발하여 여드름을 발생시킨다. 이렇게 여드름을 발생시키는 성분들을 '코메도제닉(comedogenic)'이라고 한다.

진정제와 항생제로 사용되는 일부분의 특정의약품도 여드름을 발생시키는 부작용을 일으키기도 한다.

여드름을 발생시키는 성분

- 비타민 D
- 유황의 잘못된 용량
- 석탄산에서 추출한 색소 D.C
- 화장품 내의 용매물질 또는 유화제
- 비타민 B6, B12의 과잉 용량
- 참기름의 지방산, 라놀린(lanolin)
- 동물성 오일과 식물성 오일
- 요드와 브롬화합물(자연식품 섭취 가능)
- 테크라사이클린(광독성 물질로 햇빛에 의해 여드름 발생)
- 부신피질호르몬제(모낭의 과각화와 막힘을 유발하여 여드름 발생 작용)
- 부틸스테아레이트(Butyl stearate), 이소프로필미리스테이트(isopropyl myristate), 소듐라우릴설페이트(sodium lauryl sulfate), 헥실렌글리콜(hexylene glycol), 폴리에틸렌글리콜 300(polythylene glycol 300), 세틸알코올(cetyl alcohol)

④ 화학물질

다양한 산업의 발달로 화학적 환경에 노출된 직업군이 형성되고 이러한 환경은 자연스럽게 피부를 자극하여 여드름을 유발한다. 특히 염소, 다이옥신, 할로겐, 피치, 도로 포장에 사용하는 석탄산 등은 강력한 여드름 유발인자이다. 또한 외부물질인 오염된 공기, 먼지, 공해 등도 피부를 청결하게 하지 않으면 이들로 인하여 모공이 막히고 여드름이 유발되기 때문에 피부의 청결도 여드름과 밀접한 관계를 가진다.

⑤ 약물

만성적 질환들에 의해서 복용하는 약물들은 실제로 여드름을 유발한다.

자궁내막증에 복용하는 다나졸과 다너크린, 간질치료 시 복용하는 딜라틴, 우울증에 복용하는 리튬 등이 있고, 스테로이드제로는 류머티스 관절염, 만성 알레르기, 신장염 등에 복용하는 약물은 여드름을 유발한다.

⑥ 마찰과 압력

마찰이나 압력은 여드름 유발에 직접적인 원인은 아니다. 그러나 반복된 마찰은 피지선을 자극하고, 미세면포를 자극하여 여드름 생성과 촉진에 영향을 미친다. 반복적으로 만지는 행동 또한 여드름을 발생시킨다. 남성의 경우 잦은 면도를 통해 턱에 생기는 여드름, 안전벨트 착용에 의해서 생기는 여드름, 안경으로 인해 생기는 여드름도 마찰이나 압력에서 생기는 여드름으로 볼 수 있다.

⑦ 음식

과도하게 지방이 함유된 육류, 인스턴트 등과 미역, 다시마와 같은 요오드가 많이 함유된 음식, 비타민의 내복 등은 여드름을 촉진시키기 때문에 자제하는 것이 좋다.

⑧ 외부자극

피부와 자주 접촉하는 옷의 화학섬유 조직과 위생적이지 못한 손, 피부미용기구, 모발 등이 피부를 자극하면 소양감과 발진이 생겨 세균이 침입하게 되면 여드름으로 발전하게 된다.

4) 여드름 생성과정

(1) 과잉피지분비

유전적 인자를 물려받은 남성호르몬은 사춘기 이전에는 별다른 작용이 없다가 사춘기가 되면 피지선의 활동이 활발히 진행되면서 과다하게 피지를 분비하고 모공은 벌어진다. 이때 모공을 살짝 압박하면 피지가 하얗게 밀려 나오는데 이는 땀과 함께 피부표면에 산성보호막을 형성한다. 이렇게 자연스러운 생리활동이 이루어지면 피지가 과잉 분비되더라도 모공을 통해 잘 흘러나오면 여드름은 형성되지 않는다.

(2) 과각질화

남성호르몬의 과잉분비로 피지선이 피지를 다량 생산하면 모낭 내 각화작용이 빨라지고 각질층의 노화각질들은 빨리 떨어져 나가지 못하면서 불균형을 초래하게 된다. 이들이 엉겨 붙어 시간이 흐르면 굳어져 모낭의 입구를 막는다. 이 과정에서 만들어진 단단한 덩어리는 미세면포이다.

(3) 세균에 감염

과다 분비된 피지가 장시간 피부를 덮고 있으면 피부표면의 산성막을 중화시켜 피부 표면은 알칼리성을 띠게 되며 세균들은 최적의 환경을 얻게 된다. 따라서 세균은 모낭 속으로 쉽게 침투하여 최적의 환경 속에서 최고의 식단인 피지성분을 섭취하며 세균의 번식을 급속도로 진행한다.
여드름 발생의 원인이 되는 여드름균(모낭상재균, P. acens)과 포도상구균은 피지의 중성지방을 유리지방산으로 분해시켜 모낭벽을 얇게 만들고 백혈구의 효소 작용에 의해 모낭벽이 파열되고 내용물인 세균, 노화 각질세포조각, 지방산 등이 진피내로 유리되어 염증으로 발생시킨다. 이 때 발생된 염증의 종류로는 고름이 생기지 않은 구진, 노란 고름이 형성된 농포, 깊숙한 조직층까지 형성된 결절과 낭종 등으로 나뉜다.

5) 여드름의 형태학적 분류

여드름은 다양한 방법으로 분류하지만 실제로는 단계적 변화가 뚜렷이 나타나는 것이 아니라 혼재된 상태로 나타나는 특징을 갖기 때문에 명확한 기준점을 정할 수는 없지만 크게 비염증성 여드름과 염증성 여드름으로 나뉜다.

(1) 비염증성 여드름(Non-inflammatory acne)

초기에 나타나는 여드름으로 세균에 대한 감염이 발생하지 않은 상태로 폐쇄형 면포와 개방형 면포로 구분한다.

① **폐쇄형 면포**(Closed comedo)

모낭 속의 피지가 노화각질 세포와 뒤엉켜 밖으로 흘러나오지 못하고 모공이 막힌 채로 모낭 속에 가득 차 있는 상태이다. 마치 좁쌀이 피부에 박혀있는 듯한 형태로 존재한다. 이는 공기와 아직 접촉하지 않아 피지의 색깔과 같은 흰색에 가까워 '화이트헤드(white head)'라고도 한다.
폐쇄형 면포는 피지가 오염되지 않아 부드러운 겔(gel)의 형태이지만 여드름균이 좋아하는 환경을 조성하고 있기 때문에 염증성 여드름으로 발전하기 쉽다.

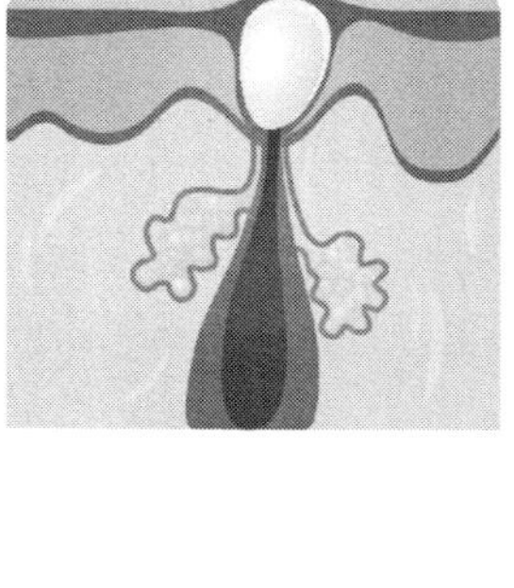

② **개방형 면포**(Open comedo)

폐쇄형 면포와는 다르게 모공의 입구는 개방되어 있으나 모공 속의 피지와 노화각질의 덩어리가 밖으로 흘러나오지 못하고 개방된 모공 밖으로 면포의 일부가 돌출된 상태로 공기나 먼지, 자외선 등에 의해 산화되면서 밖으로 돌출된 부분이 검게 변화된 것으로 '블랙헤드(black head)'라고도 한다. 모낭 속에서 피지가 유리지방산으로 변하는 과정에서 단단해진다.

폐쇄형 면포가 개방형 면포로 진행되면 여드름은 발생하지 않아 제거가 용이하다.

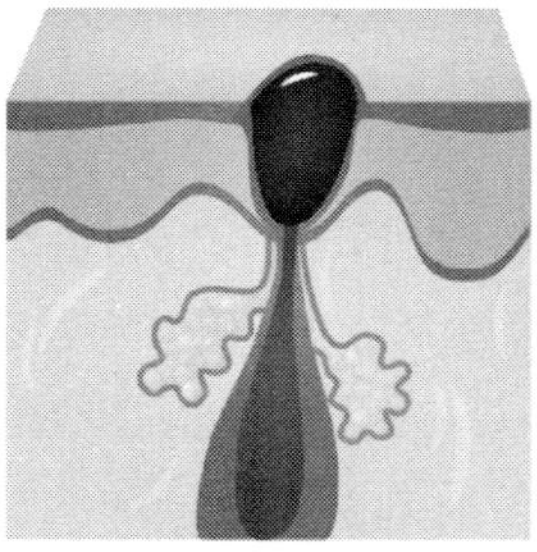

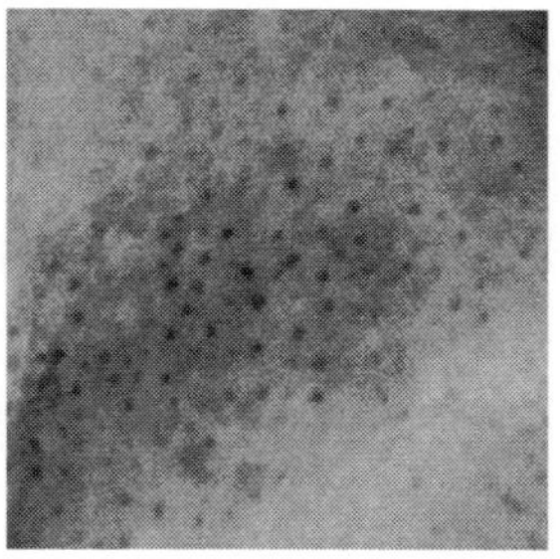

(2) 염증성 여드름(Inflammatory acne)

염증성 여드름은 모공의 입구가 완전히 폐쇄되어 산소를 싫어하는 혐기성 박테리아 P.acnes의 작용으로 피지가 세균에 감염되어 염증이 발생된다. 염증성 여드름의 종류에는 피부 표층에서 진행되는 구진과 농포, 피부 심층에서 진행되는 결절과 낭종으로 나뉜다.

① **구진**(Papule)

구진은 습진이나 피부질환이라 일컫는 발진현상으로 피부가 솟아올라 있는 상태를 말하며 크기는 직경 0.5~1cm 정도이다. 끝이 보통 뾰족하거나 둥글게 생겨 뾰루지라고 불리기도 한다. 모낭 속에 축적된 피지가 세균에 감염되면 나타나는 발진형상과 비슷한 종류의 여드름들을 구진성 여드름이라 한다.

폐쇄된 면포 상태의 여드름을 혐기성 균인 P.acnes가 모공 속에서 효소를 분비하면서 피지를 분해할 때 유리지방산에 의해 피지와 조직을 분리한다. 이때 모낭벽이 자극을 받거나 파손되면 피부 손상을 최소화하기 위해 우리 몸의 면역세포인 백혈구가 다량 출동하여 P.acnes와의 전쟁을 치루는 과정에서 피부는 붉게 부풀어 오르고 열감이 느껴지며 통증을 느끼는 구진이 나타난다. 면포를 제거할 때 잘못 압박하면 미세면포가 모낭벽까지 자극하게 되어 염증을 일으킨다. 따라서 만지거나 압출하는 등의 행위는 삼가는 것이 좋다.

구진의 상태에서 안전하게 치유되면 흉터가 남지 않으나 악화되어 백혈구가 출현하게 되면 노란색의 농을 형성하게 되는데 이는 농포로 변한다.

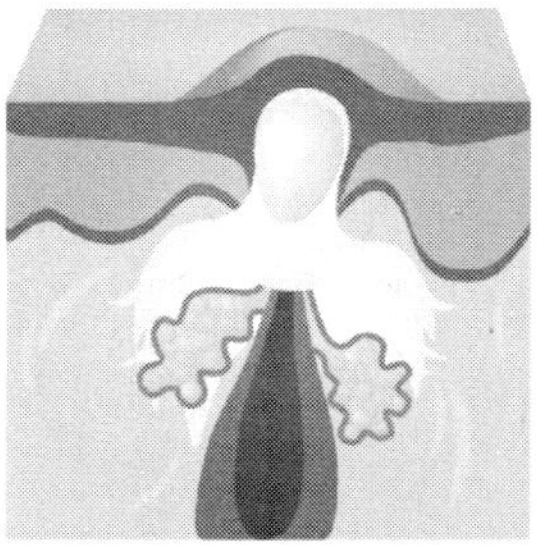 

② **농포**(pustule)

붉어진 구진성 여드름이 악화되어 붉은 색으로 싸인 면포의 끝부분에 노란색 고름이 약간 솟아 오르는 화농된 여드름이다. 극심한 통증은 구진기에 거쳐 열감이나 통증은 적으나 발적현상이 나타나 피부가 붉게 보이고 터지면 가피도 형성한다. 초기에 압출하여 여드름 씨앗을 잘 제거하면 쉽게 면포를 제거할 수 있으나 방치하거나 압출 시 압력을 잘못 조절하면 화농 부위가 넓고 깊어지거나, 모낭벽이 손상되어 염증이 더욱 심해져서 낭포성 여드름으로 변하거나 색소침착 또는 흉터를 남긴다.

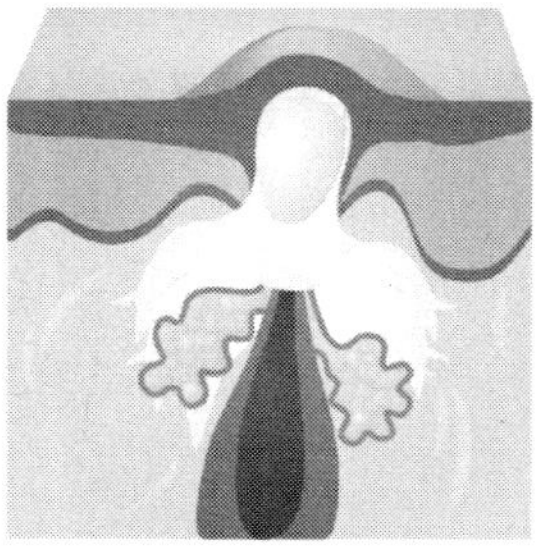 

③ **결절**(Nodule)

모양은 구진성 여드름과 유사하나 피부 깊숙이 크고 단단하게 덩어리가 형성되어 딱딱한 응어리가 느껴지며 일부는 피부표면으로 돌출하기도 한다. 이는 반복 유발되는 경향이 있다.

유리지방산에 의하여 모낭벽이 파손되면 주변조직의 안전을 위해서 확산된 염증과 백혈구의 면역작용이 대립을 시작하며 발열이 발생하고 통증도 나타난다.

결절상태의 여드름은 원활한 압출이 어렵고, 무리하게 압력을 가하면 주변조직의 피부세포는 심각한 손상을 입는다. 치료 후에도 흉터가 울퉁불퉁하게 돌출된 켈로이드성 피부로 남게 된다.

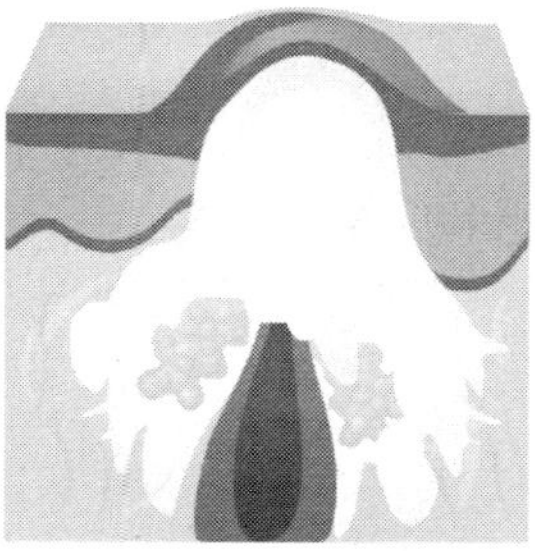

④ **낭종**(Cysts)

결절이 더욱 심화된 상태의 여드름으로 모낭이 아주 깊고 넓게 파열되어 주변조직의 모낭세포까지 파열시킨 후 하나로 뭉쳐서 긴 자루 형태를 형성하는 여드름으로 화농 상태가 가장 크고 깊으며 통증도 심하다.

낭종은 실질적 피부라 일컫는 진피층까지 손상시켜 피부의 정상조직까지 파열시키고 딱딱한 감염덩어리가 모낭의 바깥벽까지 뚫고 나와 치료 후에도 영구적인 흉터를 남긴다. 심한 병증성 여드름은 전문의와의 상담 및 의학적 처치가 필요하다.

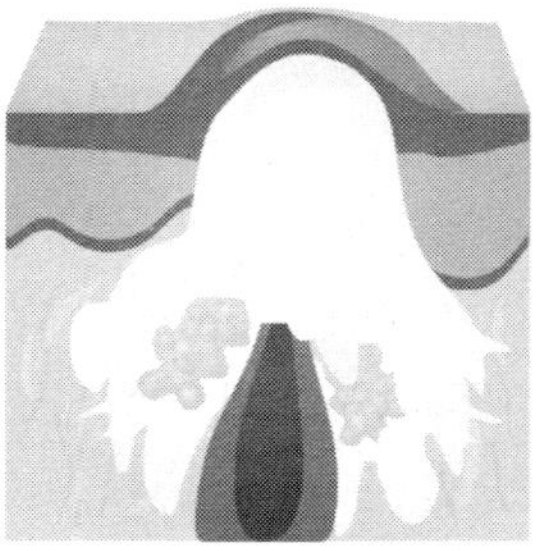

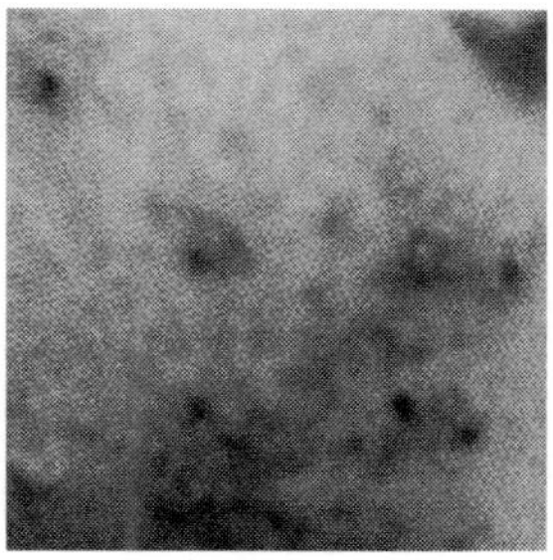

6) 여드름의 등급

여드름은 발생초기부터 여러 가지 증상을 나타내며 발전과정을 거치는데 도날드 필즈버리(D. Pillsbury)박사는 이러한 과정을 상태에 따라 4등급으로 분류하였다.

(1) 제1등급

사춘기 때 나타나는 여드름의 초기단계로 모공의 입구가 막혀서 나타나는 폐쇄성면포와 모공 밖으로 나온 피지가 산화되어 검게 변한 개방형면포가 이마, 코, 볼 등에 분포되어 있다. 개인적인 차이는 있지만 보통은 일시적으로 나타났다가 지나가는 여드름으로 심각한 상태로 발전하지는 않는다. 꾸준히 적절한 관리를 실시하면 깨끗하게 치유된다.

(2) 제2등급

폐쇄성 면포들이 모공 속에서 점점 커지면서 얼굴 전체에 분포되어 있는 비염증성 여드름의 단계로 혐기성균이 활성화될 수 있는 조건이므로 염증성 여드름으로 발전 가능하다. 따라서 세균 감염으로 인한 염증성 여드름으로 발전하지 않도록 적극적 관리를 통해 감염을 예방해야 한다.

(3) 제3등급

얼굴 전체에 비염증성 여드름인 패쇄형 여드름과 개방형 여드름, 염증성 여드름인 구진, 농포 등이 분포되어 있는 상태로 통증과 염증을 동반하고 있다. 3등급에 속하는 여드름의 상태는 전문가의 의학적 치료가 필요한 상태이다.

(4) 제4등급

가장 심각한 중증 여드름 상태로 1등급부터 3등급까지의 여드름이 더 심각하고 큰 상태로 발전한 결절과 낭종성 염증이 서로 뒤엉켜 진피층까지 깊숙이 퍼져 얼굴 전체에 분포되어 있는 상태로 심한 통증과 염증을 유발한다. 이러한 여드름을 '응괴성 여드름'이라 한다. 유전적 원인으로 염증반응이 쉽게 나타나는 유형으로 같은 자리에 재발률이 높고, 가벼운 자극에도 염증이 심각하게 나타나며, 염증반응이 진피의 심부까지 일어나기 때문에 홍반, 피부색의 변화, 열감 등의 변화가 발생한다. 전문의 상담과 의학적 치료가 필수적이며 치료 후에도 흉터가 남을 가능성이 크기 때문에 본인의 유전적 성향을 미리 파악하여 피부 개선을 위한 다각적인 노력을 기울일 필요가 있다.

7) 한국형 여드름 등급(한국형 여드름 중증도 시스템)

유전적 원인, 성호르몬, 식생활 변화, 급격한 다이어트, 스트레스 등으로 우리나라도 여드름 피부가 급증하고 있다. 이에 국내 5개 병원의 의료진들이 한국인의 피부 특성을 반영한 여드름 등급을 구진 및 결절의 발생정도를 기준으로 하여 총 6단계로 구분하였다.

6단계 한국형 여드름 중증도

- 1등급 : 구진 10개 이하
- 2등급 : 구진 11~30개
- 3등급 : 구진 31개 이상
- 4등급 : 결절 11~20개 / 가벼운 진행성 흉터
- 5등급 : 결절 21~30개 / 중증도 진행성 흉터
- 6등급 : 결절 31개 이상

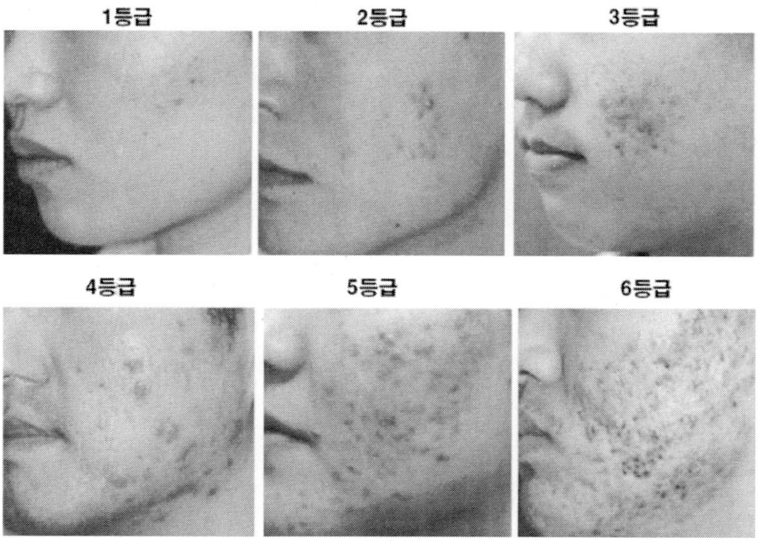

8) 특수 여드름

유전적 요인과 선천적인 체질에 의한 호르몬의 현상으로 지루성 피부에서 발생되는 여드름을 심상성 여드름(acne vulgaris)이라고 하며, 특수 여드름은 여러 가지 생활습관이나 환경, 직업, 연령 등과 같이 후천적인 요인에 의하여 피지의 양이 증가하여 정해진 위치나 피지선의 분포와 상관없이 발생되는 여드름을 말한다.

일반 여드름과 특수 여드름의 비교

구분	일반 여드름	특수 여드름
피부타입	지루성 피부	일반 피부
발진	항상 면포로 발생이 시작되어 구진과 농포로 발전한다. (면포는 피부속에 있어 육안으로 확인이 안 될 수도 있다.)	일반적으로 발생시작이 구진과 농포이다.
발생부위	주로 피지선의 분포가 많은 얼굴의 T-zone, 가슴, 등 부위	피지선과 상관없이 발생
소양증	가려움은 없거나 경미하다.	가려움을 동반한다.

(1) 응괴성 여드름

대부분 남성에게 나타나는 중증형 여드름이다. 많은 면포와 결절, 낭종이 군집을 이루어 나타나는 염증성으로 10대 후반에 시작하는 것이 특징인데 가슴, 어깨, 뒷목, 등, 다리, 팔, 둔부 등에 나타난다. 치료 후 켈로이드성 흉터가 남는다.

(2) 화장품성 여드름

화장품을 제조할 때 사용하는 원료인 동·식물성 지질성분, 색소, 향료, 방부제, 유화제, 등이 일반 여드름과 비슷한 염증을 유발한다. 실제로 화장품을 사용하는 사람들에게 나타나는 현상으로 두꺼운 면포가 가장 많이 발생하고, 구진, 농포도 가끔 발생한다. 이렇게 화장품에 의한 여드름 발생 시 사용하던 화장품을 중단하면 빠르게 증상이 완화된다.

(3) 말로카 여드름

뜨거운 햇빛은 피지선을 활성화시킨다. 햇빛에 나가거나 일광욕을 할 때 햇빛을 차단하기 위해 자외선차단제를 비롯하여 약물, 향수, 염색약 등을 사용하는데 이들은 광독성을 일으켜 여드름을 유발한다. 햇빛과 접촉이 많은 부위에 붉고 단단한 구진 형태의 여드름이 발생하는데 오랫동안 지속된다.

(4) 직업성 여드름

작업현장에서 사용하는 기름, 염소화합물, 타르 등 여러 가지 화학물질과 접촉한 부위에 여드름이 유발된다. 형태는 일반여드름과 비슷하여 구별하기가 어렵다. 그러나 원인물질과의 접촉을 줄이고 환경을 개선시키며 피부를 청결히 하면 호전된다.

(5) 월경 전 여드름

여성의 배란기에 황체호르몬의 작용으로 피지선이 자극을 받아 피지량이 증가하면 구진이나 농포성 여드름이 발생하거나 악화된다. 에스트로겐이 함유된 약물을 섭취하면 여드름을 예방할 수 있다.

(6) 신경성 여드름

성격적으로 스트레스를 받거나 피부를 습관적으로 자꾸 긁게 되면 모낭입구가 세균에 감염되어 염증이 발생하고, 반복된 습관에 의해서 흉터가 남거나 피부가 검게 착색된다. 물리적 자극에 의해 발생된 염증이므로 지루성 피부와 관계없이 건성피부에도 발생 가능하다.

(7) 약물에 의한 여드름

프로게스테론(progesterone), 코르티코스테로이드(corticosteroid), 테스토스테론(testosterone) 등 호르몬 성분이 함유된 의약품을 경피 또는 경구로 투입하게 되면 모낭을 자극하여 모낭벽을 과각화시키거나, 피지선을 활성화 또는 비대하게 만들어 구진이나 농포성 여드름을 발생시킨다. 또한 진정제, 거담제, 감기약 등에 함유된 할로겐화합물도 장기간 섭취하면 여드름을 발생시킨다.

9) 여드름 예방

① 과로와 정신적 스트레스를 피한다.
② 소화흡수를 도와 변비를 예방하고, 위장, 간장기능을 촉진시킨다.
③ 일상생활에서 적절한 휴식, 수면, 운동을 한다.
④ 손을 항상 청결히 하고, 피부를 만지지 않는다.
⑤ 모발을 청결하게 하고 피부에 흘러내리지 않게 한다.
⑥ 유분이 적은 화장품 또는 지용성, 여드름 전용제품을 사용한다.
⑦ 메이크업 시 무지방 파운데이션, 콤팩트 또는 파우더타입을 사용한다.
⑧ 균형 있고 규칙적인 식사를 한다.
⑨ 저지방류, 유제품, 섬유질식품, 비타민이 풍부한 녹황색 야채를 섭취한다.
⑩ 피부를 청결하게 관리한다.
⑪ 딥클렌징을 정기적으로 하여 모공 속에 피지나 노폐물이 축적되지 않도록 한다.
⑫ 자외선에 과잉 노출되면 피부의 면역력은 떨어진다.
⑬ 스테로이드계 호르몬제를 남용하지 않는다.
⑭ 올바른 방법으로 세안한다.

10) 여드름 치료와 관리

(1) 치료법

여드름원인	치료방법	성분
피지과잉분비	• 피지선의 기능을 정상화시킨다. • 피부표면의 지방을 감소시킨다. • 기름진 음식, 인스턴트 음식을 금한다.	약초추출물, 비타민 A
과각질화	• 주기적인 각질관리 • 세균성장을 억제	살리실산, 비타민 A산, AHA, 식물성 추출효소, 약초추출물 등
세균성 염증	염증 완화, 위생, 청결	테트라사이클린(tetracycline), 에리트로마이신(erythromycin)의 항생제, 약초추출물, 판테놀 등

(2) 관리법

① **세안**

여드름성 피부는 피지의 분비량이 많은 지루성 피부 상태이므로 피지를 감소시키기 위해 전문적 세정제를 이용하여 철저한 세안을 한다. 알칼리성 비누로 자주 세안하면 피지막의 손실로 산성막이 약해지므로 세균이 번식하여 여드름을 발생시킨다.

② **스팀 여부**

스팀을 이용하여 과각화되어 있는 각질을 부드럽고 유연하게 하여 여드름을 제거할 때 모공을 열어준다. 오존스팀, 약초스팀을 쐬는 것이 좋다.

③ **필링 또는 딥클렌징**

물리적인 딥클렌징은 피부에 자극이 강하다. 따라서 여드름을 자극할 수 있으므로 효소, AHA, 살리실산 등을 이용한 화학적 필링을 하고 디스인크러스테이션을 적용하여 모공 깊숙이 있는 노폐물과 각질을 제거한다.

④ **여드름 제거**

여드름은 제거 시기가 중요하다. 너무 빨리 제거하면 색소침착 등의 흔적을 남기게 되기 때문에 적절한 시기에 제거해야 한다. 여드름을 제거하기 전에 손과 여드름 제거 시 사용할 모든 물품은 깨끗이 소독하여 준비한다.
우선 여드름을 제거하기 위해서는 막힌 모공을 니들 등을 이용하여 열어준다. 일반적으로 모공의 입구를 니들을 이용하여 찌르고 면봉을 이용하여 피부를 깊숙이 눌러서 들어 올리듯이 짜면 여드름 씨를 뽑아낼 수 있다. 또한 코메도를 이용하여 눌러서 짜는 방법도 있다. 여드름을 압출하고 나면 재발생을 예방하기 위해서 모공 입구를 소독하고 소염화장수를 이용하여 압출부분을 충분히 소염시켜준다.

⑤ **마사지**

일반적인 마사지는 피지선을 자극할 수 있으므로 피하는 것이 좋으나, 노폐물을 배출하는 림프드레나쥐는 권장한다.

⑥ **팩, 마스크**

여드름 피부는 다발성으로 염증이 발생하는 피부이므로 항염과 진정용 팩을 사용하여 주기적으로 관리한다.

⑦ **마무리**

여드름 피부는 유분이 많다고 해서 무조건 유분제거 관리에만 치중하면 피부가 건조해지기 쉽다. 그러므로 수분을 보충해주는 보습제품을 사용하고, 부드러운 여드름 전용제품을 사용한다.

02 예민성 피부(Sensitive skin)

예민성 피부는 외부의 사소한 자극에도 민감하고 강하게 반응하는 현상으로 정상피부에 비해 면역기능과 환경적 조절능력이 떨어지는 상태를 말한다.
예민성 피부의 원인은 선천성과 후천성으로 분류하는데 선천성은 타고난 피부가 유난히 얇고 섬세하여 외부 자극에 대한 대처 능력이 떨어지는 경우이며, 후천성은 다양한 환경과 내·외적 자극으로부터 이상이 생겨 피부가 변화되어 발생한다. 이러한 외적 자극으로는 환경적 유해물질과 세균 감염 등에 의한 자극이며, 내적 자극으로는 스트레스, 소화기능 장애, 간 기능 장애, 난소의 이상, 내분비 이상 등이 있다.
몸의 예민도 순위를 보면 눈 주위, 입 주위, 목, 볼, 이마 순이다.

1) 원인

(1) 유전적 요인

태생적으로 얇고 투명한 피부조직을 지닌 피부로 피부의 각화 주기가 일반적으로 28일 주기를 가져야 하는데 그 이전에 조기 박리되면서 각질층 자체가 얇아지고 어린 세포층이 피부 표면으로 올라오면서 외부 자극에 대하여 예민하게 반응한다.

(2) 후천적 요인

대표적인 후천적 요인으로 화학적 자극, 물리적 자극이 있다. 다양한 내·외적 자극물질의 접촉과 무분별한 제품의 사용, 잘못된 트리트먼트 등의 요인으로 각질층이 손상되어 피부 보호능력이 약화되면서 환경적 저항력이 떨어지면 피부에 홍반을 비롯한 예민 반응을 일으킨다.

① **화학적 자극** : 중금속, 화장품, 산업기름, 향료, 강산, 유기용매 등의 물질이 피부에 접촉하게 되면 피부의 각질층이 손상되면서 피부보호막의 기능이 떨어져 수분이 상실된다. 따라서 홍반을 동반한 소양증과 피부염증, 각질 등의 증상이 나타난다.

② **물리적 자극** : 냉, 온, 열, 마찰, 자외선 등에 의한 자극과 박테리아 감염, 정신적 스트레스, 특정 질병, 환경적 영향, 영양소 불균형, 연령 등도 피부를 예민하게 만드는 원인이 된다.

2) 피부 예민도 측정법

① 산성용액이나 암모니아용액을 피부에 도포하고 발진, 수포, 가려움증 등이 나타나는 시간 과 증상의 정도를 비교하여 예민도를 측정한다. 이때 이러한 증상이 빨리 발생할수록 각질층이 얇고 방어능력이 떨어지는 것을 의미한다.

② 약품이 아닌 보편화된 방법으로는 스파츌라를 이용하여 고객의 이마, 데콜테 등을 물리적 으로 살짝 그어보는 방법으로 빨갛게 선이 생기거나 살짝 부풀어 오르는 경우도 있다.

3) 예민피부의 특징

① 가렵고 붉은 반점이 생긴다.
② 색소 침착을 일으킨다.
③ 화장품을 바꾸면 좁쌀 같은 여드름과 함께 피부가 붉게 변한다.
④ 수분 부족현상으로 당김이 심하다.

4) 관리법

① 피부가 비정상적으로 예민한 상태를 정상적으로 만들기 위한 관리를 목적으로 한다.
② 알칼리성 비누와 알코올 성분이 함유된 제품을 사용하지 않는다.
③ 균형 있는 식생활, 충분한 수분, 적절한 운동과 영양섭취를 한다.
④ 물리적인 각질 제거나 강한 필링제는 사용을 금한다.
⑤ 피부에 자극이 적은 무알코올 화장수를 사용한다.
⑥ 바람, 추위 등의 환경에 피부 노출을 피한다.
⑦ 캄퍼, 맨톨 등 혈액순환을 촉진, 활성시키는 성분은 피한다.
⑧ 계절적 변화가 있을 때 피부손질을 철저히 한다.
⑨ 얼굴에 물리적인 자극을 피한다.(브러쉬, 타올 등)
⑩ 지나친 유분성 화장품의 사용을 피한다.
⑪ 피부보호, 수분공급을 위해 팩을 한다.
⑫ 화장품은 예민피부용 제품을 사용하고, 교체 시에는 첩포 테스트 후 사용한다.
⑬ 유기산, 향료, 색소, 방부제 등이 함유된 제품은 사용을 금한다.
⑭ 림프드레나쥐처럼 부드러운 테라피를 선택한다.
⑮ 자외선차단제는 SPF지수가 15 미만 또는 10 정도 되는 것을 선택한다.
⑯ 알레르기 테스트를 거친 제품인지 확인한 후 사용한다.

03 알레르기성 피부

알레르기란 '과민반응'이란 뜻으로 일반적인 사람에게는 아무런 반응이 없는 물질이 일부사람에게는 정상과는 다른 과민한 반응을 일으키는 피부증상이다.

외래성 물질이 체내로 들어오면 표피층에 존재하는 면역세포인 랑게르한스세포가 제일 먼저 접촉하여 아군과 적군을 구분하게 되는데 이때 적군(항원)으로 판단되면 림프절 내의 T림프구 세포에게 사이토카인을 보낸다. 그러면 T림프구세포는 병의 원인이 되는 항원을 대항할 수 있는 군대(항체)를 편성하여 체내를 순환하며 외래성 물질과 민감하게 반응하는데, 이 상태를 감작이라 한다. 체내로 들어와 감작을 일으켰던 외래성 물질이 체내의 항체들의 작용으로 반응을 일으키는 것을 알레르기라고 한다. 따라서 항원과 항체의 반응을 알레르기 반응이라 한다. 이러한 반응은 자신을 보호하기 위한 방어메커니즘으로 통상적으로 면역반응이라 한다. 그러나 이러한 반응이 인체에 부적절하게 반응하는 경우는 알레르기 반응이라 한다.

우리가 외래성 물질인 항원에 노출되었을 때 항체의 반응속도는 항원의 종류에 따라 달라 하루, 이틀 만에 나타나는 경우도 있지만 수개월, 수년이 걸리는 경우도 있어 과거에는 괜찮았는데 갑자기 나타나는 경우도 있다. 이는 항원 자체의 특성과 개개인의 면역능력에 따라서도 차이가 있다.

1) 항원의 종류

어떤 외래성 물질이 일반인에게는 항원이 아니지만 특이체질인 사람에게는 항원으로 작용하기 때문에 주위의 모든 환경으로부터 주의할 필요가 있다. 또한 기술의 발달로 지금까지 나타나지 않았던 새로운 항원도 계속 나타나고 있는 상황이다.

항원의 종류	
경로	종류
음식	딸기, 복숭아, 단백질, 우유, 키위, 약물 등
호흡기	꽃가루, 바이러스, 진드기, 먼지, 매연 등
물리적	자외선
접촉성	화장품원료(색소, 향료, 방부제 등), 염색약, 금속, 은행나무 등

2) 증상

알레르기반응은 외래성 물질과 접촉하여 나타나는 반응으로 소양감으로 시작하여 약간 붉어지고 홍반이 발생한 후 점점 부어오르며 수포가 발생하고 터지면서 혈청에 의해 습진, 가피, 인설로 발전한다.

알레르기성 접촉피부염과 원발성 접촉피부염	
알레르기성 접촉피부염	원발성 접촉피부염
• 모든 사람에게 발생되지 않는다. • 접촉부위가 아니어도 반응이 나타난다. • 외래성 물질에 반응한다. • 접촉 후 즉시 반응 또는 24~72시간 후에 반응하는 경우도 있다. • 면역기능이 저하될 때 발생한다.	• 모든 사람에게 발생 가능하다. • 처음 접촉 후 즉시 반응이 나타난다. • 접촉 후 즉시 반응하며 국소적으로 나타난다. • 개인적 차이에 의해 강도 차이가 있다. • 유해물질의 정도에 따라 증상의 차이가 있다.

3) 관리법과 치료법

(1) 관리법

알레르기성 피부를 관리하는 방법 중 가장 중요한 것은 접촉성에서 발생하는 경우가 빈번하니 알레르기 유발 물질을 멀리하고, 흡입하거나 섭취하지 않도록 주의를 기울이는 것이다.

① 충분한 수면을 취하여 피로를 풀어준다.
② 규칙적인 운동으로 면역력을 키운다.
③ 충분한 수분 섭취로 체내 생리기능을 유지한다.
④ 맵거나 짠 자극적인 음식은 피한다.
⑤ 피부관리 시 피부에 적합한 제품을 선택하여야 한다.
⑥ 햇빛에 과도한 노출을 피한다.
⑦ 사용하던 화장품을 다른 제품으로 바꿀 때는 첩포테스트 후에 선택한다.

(2) 치료법

알레르기 반응이 경미하다면 주의하면 된다. 그러나 반응이 심할 경우에는 생명을 위협할 수 있으므로 전문의와 상담 후 치료를 받아야 한다.

① 항히스타민제(주사, 경구투여)
② 부신피질호르몬제(주사, 로션, 연고형태)

04 모세혈관 확장증

피부는 표피, 진피, 피하지방층으로 분류한다. 진피와 피하지방층에 존재하여 일반적으로 육안으로 확인되지 않으나 모세혈관 확장증은 진피에 분포되어야 하는 혈관이 선천적 또는 후천적인 요인에 의해 확장되거나 늘어나서 수축하지 못하여 피부표면에 붉은 실핏줄이 육안으로 확인되는 피부를 말한다. 연령에 관계없이 20~50대까지 발생하며, 주로 여성에게 많이 나타난다.

1) 증상

육안으로 확인되는 혈관이외에 신체적으로 소양감, 통증 등의 뚜렷한 증상은 없다. 초기에는 홍반으로 시작하여 계속적인 충혈로 피부 상층부에 모세혈관이 확장되어 피부표면으로 나타난다. 혈관은 혈액이 잘 흘러야 하는데 그렇지 못하고 흐르기를 멈추어 지류상태가 되면 혈관벽은 압력에 의해 탄력성이 떨어지고, 확장된 혈관도 원래 상태로 돌아가지 못하기 때문에 혈관은 더욱 짙어지며 표피상층부에 존재한다.

2) 원인

① 유전적 요인에 의해 혈관이 약하게 태어나는 경우로 청소년기 이후부터 증상이 나타나기 시작하며, 성년이 될수록 점점 더 심해진다.
② 위장장애, 만성 변비, 흥분, 스트레스 등
③ 여드름피부 또는 지성피부가 오랜 시간 반복되면 모세혈관의 수축, 이완능력이 약화되어 모세혈관 확장증에 이르게 된다.
④ 내분비 기능장애, 성호르몬 장애, 갑상선 호르몬장애와 관련이 있으며, 갱년기 여성에게도 나타난다.
⑤ 담배, 커피, 차 등의 기호식품과 카페인
⑥ 맵거나 짠 자극적인 음식
⑦ 부신피질호르몬제인 코티솔 연고의 장기간 사용
⑧ 외부환경의 급격한 온도 변화

3) 관리법

① 햇빛으로부터 피부를 보호하고, 자외선차단제는 자극이 있으므로 차단지수가 높지 않은 것을 선택한다.
② 반복되는 냉·온찜질을 이용하여 모세혈관을 강화시켜 환경적 적응력을 키운다.
③ 자극적인 음식은 삼간다. 니코틴은 혈액순환장애를 초래하고 비타민 C를 파괴한다.
④ 모세혈관을 강화시켜 주는 제품을 선택하여 사용한다.
⑤ 외부온도, 계절, 날씨 변화에 따라 피부를 보호한다.
⑥ 자극적인 마사지는 피한다.
⑦ 모세혈관을 강화시켜 주는 비타민 C, P(감귤류와 야채에 많이 함유), K를 식품으로 충분히 섭취한다.

05 주사

얼굴의 코와 뺨 등에 발생하는 충혈성 피부질환으로 얼굴이 붉어지고 혈관이 확장되는 증상으로 피지선과 관련된 질환으로 분류한다.
남녀 모두에게 발생되나 특히 30~50대 여성에게 흔히 발생하지만 심한 증상은 남성에게 코끝을 중심으로 붉게 생기는 비류로 나타난다. 얼굴에 항상 홍조가 있어 취중으로 오해받을 수 있다.

1) 증상

초기에는 여러 가지 자극인 자외선, 한, 냉, 감정 고조, 자극적인 음식 등으로 홍조와 모세혈관 확장에서 시작하여 점차 피부에 지방이 증가하고 구진, 농포, 결절, 낭종의 단계로 진행되면서 모공이 두드러지게 관찰되고 더 진행되면 얼굴 전체에 병변성 염증이 발생한다. 심한경우는 피지샘과 결합조직이 증식되어 코끝이 붉게 변하는 비류가 발생하게 되어 모공이 확장되면서 피부는 오렌지 껍질처럼 변한다. 그러나 여드름에서 발생하는 면포는 나타나지 않는 것이 특징이다.
남녀 모두 10대 이후의 모든 연령에서 관찰되나 특히 30~50대에 가장 흔하게 발생한다.

2) 원인

확실한 원인은 밝혀지지 않았으나 단순히 모세혈관 확장증이 악화되어 발생하는 증상은 아니다. 대부분의 주사환자들은 외부 자극에 대한 혈관 조절기능의 감소로 나타나는 질환이다. 근본적 원인은 내분비장애, 음주, 카페인 등과 각종 내적, 외적 원인들에 의해 악화된다.

3) 치료

치료가 어려우며 병증의 정도에 따라 치료방법이 달라진다. 여드름성 증상이 나타나는 경우는 여드름 치료법과 같은 방법으로 항생제, 피지조절제와 염증을 완화시킬 수 있는 항염제를 사용하기도 한다. 항생제 중에는 광독성이 있어 광선노출을 피하고, 염증이 심할 때는 부신피질호르몬제를 사용하기도 한다.

대부분의 주사환자에게는 모세혈관이 확장되어 실핏줄이 늘어나는 현상과 혈관 파괴, 울퉁불퉁한 피부의 증상이 나타나기 때문에 색소레이저 또는 IPL을 이용하여 치료한다.

6

피부장애

REALSKIN

CHAPTER

6 피부장애

인체에 나타나는 내적 또는 외적 원인에 의해 피부에 나타나 육안으로 확인할 수 있는 모든 피부병변을 발진이라 한다. 피부에 나타나는 초기병변의 상태를 원발진(primary lesison)이라 하고, 원발진이 계속 진행되어 회복되는 과정 또는 외부에 생기는 상처 등 외적 요인에 의하여 변화되는 병변을 속발진(secondry lesions)이라 한다.

01 원발진(Primary Lesions)

1) 반점(Macule)

반점은 피부표면이 함몰되거나, 융기하지 않아 별다른 외형적 질감의 변화는 없으나 부분적으로 피부색의 변화가 있어 경계가 뚜렷하거나 테두리 쪽으로 갈수록 색이 연해지는 원형 또는 타원형의 형태이다. 간혹 크기에 상관없이 융기하는 반점을 부종성 반점이라고 한다.

크기는 피부 한부분의 절반을 덮을 만큼 큰 몽고반점, 화염상모반을 반(patches)이라 부르고, 그렇지 않은 다양한 모양을 가진 기미, 주근깨, 오타모반, 백반, 노화반점, 홍반 등이 있다.

2) 구진(Papules)

구진의 종류와 형태는 다양하다. 피부 표면에서 경계가 뚜렷하고 크기는 1cm 미만으로 끝이 뾰족한 모양을 여드름이라 하고, 전체적으로 모양이 편평한 편평태선은 두드러기라 한다. 전염성 연속종은 중심부가 함몰되어 있으며, 기타 알레르기처럼 모양과 형태는 다양하다. 이들은 주위 피부가 약간 붉고, 융기되어 있으며 살짝 가려운 소양감을 느낀다. 또한 습진은 적색, 땀띠(한진)는 흰색, 심상성 루푸스는 황갈색, 흑색종은 흑색 등 색상도 다양하다.
구진은 진피의 상부에 존재하며 모낭의 개구부, 피지선, 한선 등에 생긴다.
피부병변 중 판(plague)은 구진이 서로 엉겨 붙어서 편평하고 넓게 융기되거나 함몰된 모양을 말한다.

3) 농포(Pustules)

화농성의 작은 융기들로 경계가 뚜렷하고 크기는 1cm 미만으로 단일 또는 군집으로 돌출의 형태이다. 만지면 약간의 통증이 있다. 대부분 미생물에 의해서 발진되며 짧게 피부에 존재하다가 그대로 말라 사라지는 상태의 농포는 흉터를 남기지 않는다. 농포가 오랜 시간 지속되면 염증이 진피까지 침투하고 완치 후에도 흉터가 남는다.

4) 결절(Noduies)

구진과 같은 형태로 크기는 1cm 이상으로 크고 단단하며, 깊은 형태이다. 형태는 원형 또는 타원형의 융기 모양이 반복적으로 나타나는 경향을 가지고 있다.
결절은 진피와 피하지방층에서 유래하며, 발생 시부터 통증을 수반하며 치료 후에는 흉터가 남는다.

5) 낭종(Cysts)

여드름의 4기에 해당하는 낭종은 표면이 융기되어 있으며 표피부터 피하지방층까지 침범하여 극심한 여드름 상태로 통증도 심하다.

6) 홍반(Erythema)

홍반의 원인은 다양하며 여러 가지 자극으로 인하여 발생할 수 있는 가장 흔한 현상으로 둥글거나, 편평하고 붉게 얼룩진 형태와 혈관이 막혀 확장된 상태이다.

7) 팽진(Wheals)

가렵고 부풀어 오르는 넙적하고 단단한 진피 상층의 국한성 부종이다. 혈관에서 수분과 단백질이 유출되어 발생한다. 팽윤된 부위의 크기와 모양은 다양하며 발생했다가 짧은 시간에 사라지기도 하고, 며칠간 계속되는 경우도 있다. 색상은 혈관의 상태에 따라 적색, 청적색을 나타내지만 반대로 창백하게 나타나는 것도 있다. 원인으로는 식품 또는 약물에 의한 알레르기와 간, 신장의 대사장애로 인한 내인성과 외용약, 광선, 온열, 물리적 자극, 한랭 등의 외인성으로 나눌 수 있다. 또한 일반적으로 진피 내의 부종으로 두드러기, 알레르기, 주사, 곤충 반응 등에서도 나타난다.

8) 소수포(Vesicles)

직경 1cm 미만의 크기로 혈청과 림프액을 포함하고 있는 작은 물집으로 표피 내에 위치하며, 대부분의 내용물은 인체로 다시 흡수되거나 일상생활 속에서 파괴 또는 괴사되는 수명이 짧은 수포이다. 질환에 따라 집단으로 군집을 이루기도 하고, 일렬로 분포하기도 하며, 불규칙하게 분포하기도 한다.

9) 대수포(Blebs)

직경 1cm 이상의 크기로 장액성 또는 장액농성의 액체가 포함된 물집으로 대부분 둥글거나, 다양한 모양으로 연약하지만 팽팽하다. 대수포는 표피 내에 위치하여 벽이 얇으며, 가벼운 마찰이나 손상에도 쉽게 터져 삼출물이 흘러나오기도 하고, 건조되면 얇은 가피를 형성하기도 한다.

10) 종양(Tumor)

직경 2cm 이상으로 부드럽거나 단단하며, 혹처럼 부어오르기도 하고 결절보다 큰 몽우리로서 고정된 덩어리의 모양과 색상이 다양하다. 섬유종과 같이 병(peduncle)을 이루기도 한다. 피부에도 다양한 종류의 종양이 있는데 크게 악성종양과 양성종양으로 분류한다.

02 속발진(Secondary Lesions)

피부질환의 후기 단계로 원발진 이후에 일어나는 병적 변화이다.

1) 가피(Crusts)

피부가 손상을 입게 되면 혈액과 혈청, 농 등이 분비되어 상처부위에 지붕을 만들어 유해균으로부터 보호하는 작업을 하게 되는데, 이때 분비된 분비물들이 건조되어 딱지로 말라붙은 상태를 말한다. 분비물의 양과 구성성분에 따라 크기, 모양, 두께, 색이 다르다. 황금색으로 피부 표면에 형성되며 부드럽고 잘 부서진다.

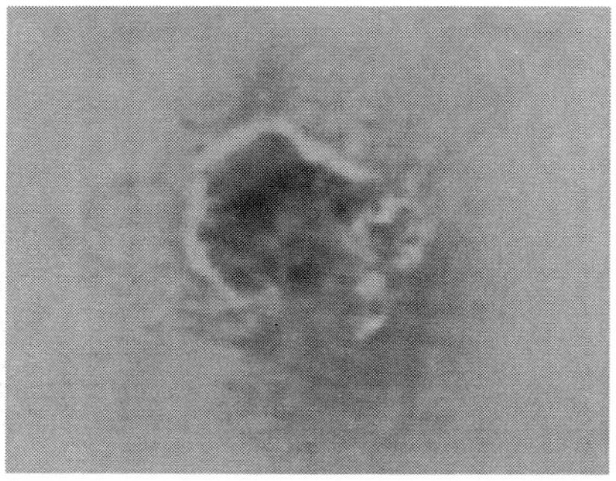

2) 미란(Erusions)

수포 또는 농가진 등이 터지고 난 후 표피가 파괴되어 벗겨진 상태로 반흔 없이 치유된다. 출혈이 없고, 촉촉한 선홍색을 나타낸다.

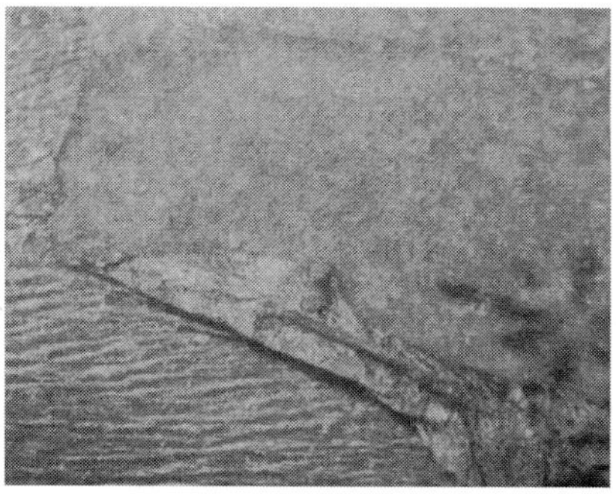

3) 인설(Scales)

각질층의 각화과정의 이상현상으로 노화각질들이 각화되지 못하고 국소적인 부분에 겹겹이 축적된 상태로 가루, 비늘, 비듬 형태의 덩어리로 떨어져 나가는 낙설현상이 나타난다. 정상적인 각화현상은 각질이 탈락하는 것을 확인할 수 없지만, 인설의 경우 각질세포가 서로 엉겨 붙어 육안으로 확인이 가능한 덩어리 형태로 떨어진다.
멜라닌의 함유 정도에 따라 회백색, 황색, 갈색 등으로 보인다.

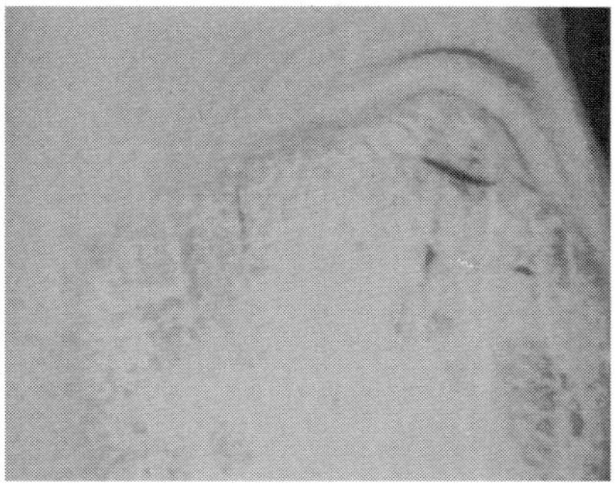

4) 켈로이드(Keloids)

피부가 손상되어 치유되는 과정에서 진피층의 교원섬유가 과하게 생성되어 피부 밖으로 굵고 큰 흉터를 융기한 흔적이다.

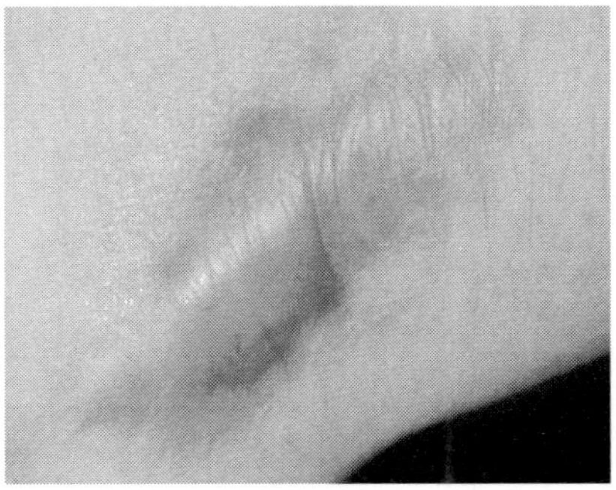

CHAPTER _ 06

5) 태선화(Lichenifications)

표피층 전체와 진피의 일부가 건조화 되고 가죽처럼 두껍고 거칠며, 유연성이 없고 딱딱해지는 상태이다. 만성 소양성질환에서 흔히 나타나며, 피부 주름이 뚜렷해진다.

6) 찰상(Excoriations)

표피의 일부가 긁거나 스치거나 하는 지속적인 마찰로 인해서 상처가 난 것으로 크기와 형태는 다양하나 작은 점의 형태 또는 선의 형태로 나타나는 병변이다.
찰상은 일반적으로 상피에만 생기는 찰과상이다.

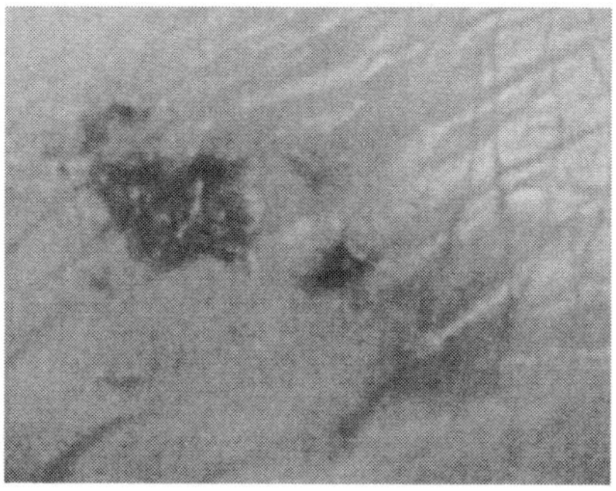

7) 균열(Fissures)

질병이나 외상에 의해 표피부터 진피까지 선상으로 좁고 깊게 갈라진 틈을 말한다. 피부가 건조하거나 습한 상태에서 발생하며 붉은 빛을 띤다. 피부가 건조하거나 염증이 생겨 각질이 두꺼워지고 탄력성이 떨어진 피부에 잘 발생한다. 입술 끝에 생기는 구순염, 건조한 발뒤꿈치, 발가락 사이, 습한 손가락 등에서 발생한다.

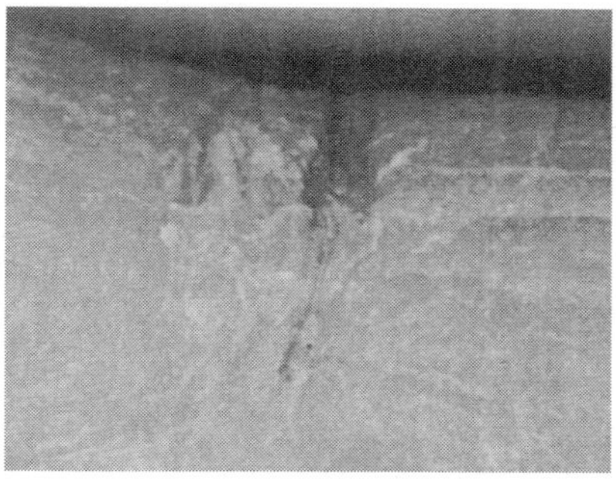

8) 궤양(Ulcers)

염증으로 인하여 피부가 진피까지 괴사되어 피부 깊숙이까지 생긴 결손의 상태이다. 둥글거나 불규칙한 형태로 흉터를 남긴다.

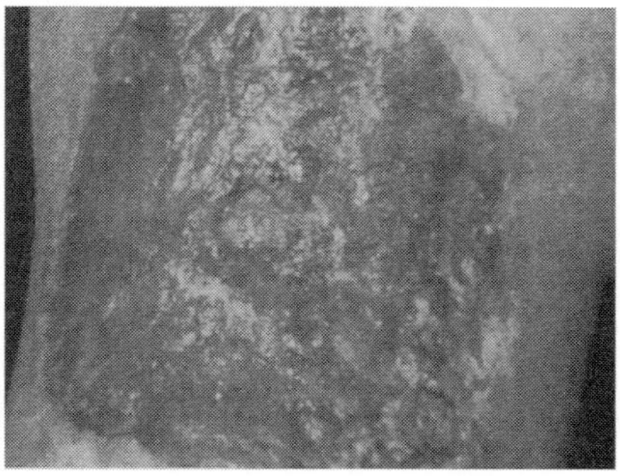

9) 위축(Atrophia)

표피와 진피의 변성으로 피부가 얇아지고 탄력이 떨어지며, 주름을 형성하는 상태로 일반적인 노화현상에서 오는 피부의 형태이다. 피부의 노화현상으로 인하여 기능이 저하되면서 일어나는 모든 피부 증상을 생리적 위축이라 한다.

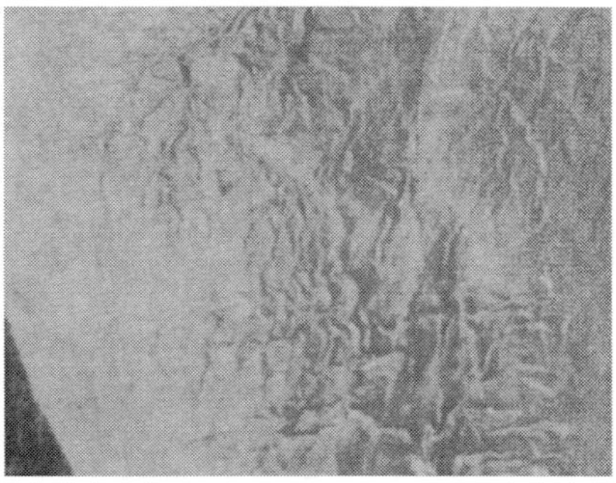

10) 반흔(Scars)

질병 또는 상해로 진피와 심부까지 손상된 부분이 깊은 상처 때문에 표피에서 복구되지 못하고 결체조직이 생성되어 복구된 상태로, 정상치유과정이다. 크기와 모양은 상처의 모양과 동일하며, 얇고 위축된 위축성 반흔, 화상 후 반흔은 얇고 함몰되거나 위축되며, 켈로이드는 섬유들이 과다하게 자라서 형성된다.

반흔은 시간의 경과에 따라 작아지거나, 상처의 경계부위를 넘지 않고 상부로 올라오는 비후성 반흔 또는 켈로이드를 형성하여 심한 소양감을 유발할 수 있다.

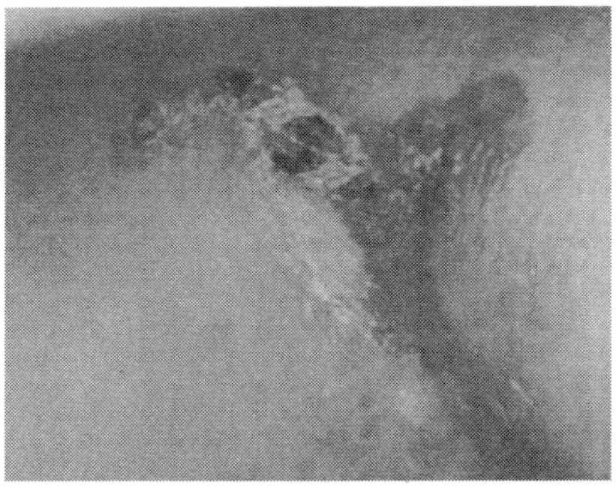

03 기타 피부장애

1) 소양증(Pruritus)

피부의 감각세포에서 인지하는 감각으로 피부를 문지르거나 긁고 싶은 충동이 생겨 자꾸 행동을 하게 만드는 가려움증의 현상이다. 각종 알레르기, 피부염, 질환 등에 의해 발생한다.

2) 비립종(Miliums)

피부가 얇은 부위에 나타나는 1mm 내외의 흰색 또는 노란색의 작은 모래알 크기의 낭포이다. 눈 주위에 가장 흔하게 나타나며 간혹 이마, 뺨에도 발생한다.

지방의 신진대사가 원활하지 못하여 나타나는 현상으로 알려져 있다. 종류로는 자연적으로 나타나는 비립종과 질병 후에 나타나는 이차성 비립종으로 나뉜다.

3) 한관종(Syringoma)

진피 내의 한선의 변화에 의해서 생기는 양성종양으로 물사마귀라고도 한다. 일반적으로 눈 주위, 이마, 볼에 생긴다. 피부 위로 나타난 한관종의 모양은 작으나, 피부 밑으로는 깊숙한 진피층에 존재하는 땀샘관에 종양이 생겨 뿌리가 깊고 짜도 없어지지 않는다. 주로 사춘기 이후의 여성에게 나타나며 나이가 들수록 점점 많아진다. 유전에 의한 경우는 증상이 심하고 일찍 나타난다. 확실한 원인은 밝혀지지 않았지만, 한관조직이 비정상적으로 증식하여 발생한다. 평상시 아무 증상이 없다가 서서히 번지기 시작하면 소양감을 동반하거나 땀을 흘리기도 한다. 주로 눈 주위에 울퉁불퉁하고 불규칙한 모양으로 생긴다.

4) 습진(Eczema)

주로 표피를 침범하는 표재성 염증이다. 초기증상으로는 가려움과 함께 부기, 물집, 홍반, 구진 등이 나타나며, 만성기에 접어들면 물집과 부기는 줄어들지만 주름이 많아지고 피부가 두꺼워지며, 비늘, 태선화, 색소침착 등을 나타낸다.

7

화장품의 역사

REALSKIN

CHAPTER 7

화장품의 역사

01 화장품의 역사

1) 세계 화장품의 역사

최초의 화장품의 사용 시점은 정확히 기록되어 있지 않지만 인류가 집단생활을 시작하면서부터 화장도 시작되었다. 이러한 것은 적으로부터 자신을 보호하거나 과시하기 위한 위장술로 사용하거나 신분, 계급, 남녀, 종족을 구별하기 위한 것이라 볼 수 있다.

석기시대부터 얼굴뿐만 아니라 전신에 그림을 그렸다.

고대 이집트인들은 코울(Kohl)이라는 것을 이용하여, 곤충의 접근을 막았다. 이것은 오늘날 눈 주위에 발라 태양광선으로부터 눈부심을 막는 수단이기도 하다. 올리브유에 벌꿀이나 꽃가루를 섞어 발랐고, 목욕 후 피부를 윤기 있게 가꾸기 위해 향기 나는 식물의 오일을 발랐다. 이와 같은 고대 화장은 로마시대에 들어와서 귀족층 여성을 중심으로 전성기를 이루었다. 그러나 로마가 멸망한 후 중세시대에 들어서는 기독교의 금욕주의 영향으로 여성들의 화장 문화가 발달하지 못하였다.

르네상스 시대에는 알코올 증류법의 개발로 현대의 화장수와 유사한 화장품이 사용되었고, 특히 르네상스 이후 급격히 발달한 화장 문화는 유럽 각국에도 영향을 미치면서 화장품의 형태를 갖추게 되었다.

19세기 말 이후 화장품의 사용이 일반화되었다. 그 후 수요가 확대되어 제2차 세계대전 후 산업의 발전과 함께 원료와 화장품 기술이 발전하였다. 또한 화장품이 인체를 청결, 미화한다는 단순기능에서 젊고 건강한 피부를 유지하는 기능성 제품으로 개발되었다.

2) 우리나라 화장품의 역사

단군신화에 나오는 쑥과 마늘이 오늘날 미백과 순환에 도움이 된다고 알려진 것으로 보아 고대의 역사와 함께 시작하였다고 볼 수 있다.

고구려의 고분벽화를 통해 보편화된 연지화장을 알 수 있다. "쌀"로 만든 "가루"였다는 백분은 우리나라 사람들이 흰색을 유달리 좋아했다는 것을 알 수 있다.

신라시대에는 연지가 대중화되어 젊음과 건강한 모습을 나타내기 위해 홍화와 돼지기름 등을 혼합하여 입술, 볼, 이마에 붉은 연지를 발랐다.

고려시대의 여성들은 색조화장을 즐기지 않았고, 버드나무 잎 같이 가늘고 아름다운 눈썹과 향낭을 차고 다녔다.

조선시대에는 상류층과 기생들을 중심으로 백분, 연지, 화장수, 향낭까지 널리 사용되었다. 일부 화장품은 중국의 사신 등을 통해서 들어 왔으며, 조선 중기에는 화장품을 팔러 다니는 박물장수도 등장하였다.

구한말 갑오경장(1894년)으로 개화의 물결이 밀려와 화장품이 일반인에게도 보편화되기 시작하였다. 이때 "화장"과 "화장품"이라는 용어가 일본으로부터 흘러 들어왔다. 원래 우리나라에서는 "단잔"이라는 말을 사용하였다.

1916년에는 우리나라 최초의 화장품인 '박가분'이라는 백분이 등장하였으나 납 성분의 치명적인 독성이 나타나 인기는 곧 수그러들었다.

※ 박가분

1930년대 이후 납을 사용하지 않은 "서울분"과"서가분"이 등장하였고, "구리무"라는 크림도 출시되었다.

1945년 해방 이후 우리나라 화장품에 변화의 바람이 불기 시작했다. 당시에 사용된 화장품으로는 콜드 크림, 백분, 바니싱 크림, 포마드, 머릿기름, 콜드 퍼머약, 헤어토닉, 향수 등이 있다. 1960년대까지 계속적으로 폭발적인 인기를 누렸다.

1970년대 화장품 회사의 브랜드를 중심으로 화장법을 활발하게 소개하였고 이러한 캠페인은 우리나라 여성들의 화장품 소비패턴을 바꾸어 놓았다.
1970년대 말에는 "토탈 코디네이트"라는 말이 등장하고 메이크업 화장품의 품질과 화장법이 향상되었고, 화장품이 수출되기 시작하면서 현대적인 화장품으로 발전하였다.

1980년대에는 첨단과학기술로 천연보습제인 히알루론산과 립스틱의 천연색소 성분을 생명공학기술을 이용하여 대량생산하며, 바이오화장품과 함께 민감성 화장품이 개발되었다. 즉, 과거의 화장품이 단순한 유연과 보습 위주에서 기능성 화장품으로 발전되었다. 이러한 상황에 맞추어 인체생리에 기초를 둔 제품이 연구되기 시작하였다.

1990년대에는 식물성 성분을 함유한 식물성 화장품이 대거 등장하였다.

2000년대에는 피부의 생리작용과 생리활성물질에 대한 과학적 규명을 바탕으로 주름개선, 자외선 차단, 피부 미백 등 기능성 화장품의 연구개발이 더욱 가속화되었다. 2000년 7월 화장품법이 시행되었고, 2008년 10월 이후에는 화장품 전성분표시제가 실시되었다.

8

화장품과 피부

REALSKIN

CHAPTER 8

화장품과 피부

01 화장품의 정의

화장품은 사람의 몸을 아름답고 매력적이며, 청결하게 하는데 사용하는 물품, 또는 피부와 모발의 건강을 유지하기 위해 신체에 바르거나 뿌리고, 그 밖에 유사한 방법으로 사용하는 물품으로서 인체에 대한 작용이 경미한 것을 말한다. 즉, 화장품은 각종 원료들을 적절한 비율로 배합하여 신체에 바르거나 뿌려서 신체와 모발을 청결하고, 건강하게 하여 아름다움을 유지하는데 사용하는 것으로, 화장품법 제 2조 1항에는 화장품, 기능성화장품, 유기농화장품을 다음과 같이 정의하고 있다.

1) 화장품의 정의

화장품이란 인체를 청결·미화하여 매력을 더하고, 용모를 밝게 변화시키거나 피부·모발의 건강을 유지 또는 증진하기 위하여 인체에 바르고 문지르거나 뿌리는 등, 이와 유사한 방법으로 사용되는 물품으로서 인체에 대한 작용이 경미한 것을 말한다. 다만, 약사법 제2조 제4호의 의약품에 해당하는 물품은 제외한다.

2) 기능성화장품의 정의

기능성화장품이란 화장품 중에서 피부의 미백에 도움을 주는 제품, 피부의 주름 개선에 도움을 주는 제품, 피부를 곱게 태워주거나 자외선으로부터 피부를 보호하는 데에 도움을 주는 제품으로서 총리령으로 정하는 화장품을 말한다.

3) 유기농화장품의 정의

유기농화장품이란 유기농 원료, 동식물 및 그 유래원료 등으로 제조되고, 식품의약안전처장이 정하는 기준에 맞는 화장품을 말한다.

화장품에 대한 법적인 정의와 범위는 국가별로 조금씩 다르지만, 인체와 모발을 매력적이며, 청결하고 아름답게 가꾸고 건강하게 유지하기 위한 것이다. 즉, 화장품은 질병을 치료하거나 예방을 목적으로 사용하는 것이 아니기 때문에 의약품이나 의약부외품과는 달라서 화장품을 사용함으로써 질병이 치료되는 것은 아니다. 의약품은 질병을 치료하기 위해서 환자들에게 사용하는 것이며, 의약부외품과 화장품은 질병이 없는 사람들이 사용하는 물품으로 부작용이 나타나지 않아야 한다. 화장품 중 미백, 자외선 차단, 주름, 여드름, 각질제거 등 기능이 추가된 기능성 화장품은 화장품과 의약외품의 중간적인 성격이다.

국가별 화장품의 정의

국가	화장품의 정의
미국	화장품이란 인체의 구조, 기능의 변화 없이 청결 또는 아름답게 하고 매력을 촉진하여 외모를 변형하기 위하여 인체에 적용되는 물품을 말한다.
일본	화장품이란 인체를 청결하게 미화하여 매력을 더하고 용모를 변화시키거나, 피부 또는 모발을 건강하게 유지하기 위하여 신체에 바르거나 뿌리거나 그 밖의 이와 유사한 방법으로 사용되는 것으로 인체에 대한 작용이 적은 것을 말한다.
유럽	화장품이란 인체의 바깥부분 또는 치아 및 구강점막을 청결히 하고 향취를 부여하며 건강한 상태로 유지시키거나 보호하고, 용모를 변화시키고 체취를 억제하기 위해 사용되는 것을 말한다.

02 화장품과 미용

인간은 화장품 등을 이용하여 용모를 아름답고, 매력적으로 관리하고 연출할 수 있다. 역사속의 여성들도 피부에 높은 관심을 보여 나름대로 여러 단계로 나누어 피부를 관리하였으며, 현대에도 화장품이 더욱 다양해짐에 따라 피부관리 단계도 점차 세분화되었다.

하루에 기본적으로 사용되는 화장품의 종류

기상 → 세안(화장비누/클렌징 폼) → 머리감기(샴푸/헤어린스) → 기초화장(화장수/크림/로션) → 메이크업(메이크업베이스/파운데이션/파우더/아이브로우 펜슬/아이섀도/아이라이너/마스카라/립스틱) → 머리손질(헤어무스/헤어스프레이) → 향수(퍼퓸) → 점심 → 화장 고침(파우더/립스틱) → 저녁 → 화장 지우기(클렌징 크림) → 샤워(비누/클렌징폼/샴푸/헤어린스) → 피부관리(화장수/마사지 크림/팩/크림/에센스) → 취침

03 화장품의 분류

화장품은 사용 목적, 대상, 부위, 성분, 제형 등에 따라 분류하면 크게 기초 화장품, 메이크업 화장품, 바디 화장품, 모발 화장품, 방향 화장품으로 분류할 수 있다. 그러므로 개인의 피부타입에 적합한 제품을 선택하여 사용해야 한다.

화장품의 분류

분류	사용 목적	주요제품
기초 화장품	세안	클렌징 크림, 클렌징 폼, 클렌징 로션
	피부정돈	화장수, 팩, 마사지 크림, 마사지 로션
	피부보호	로션, 모이스처 크림, 에센스
메이크업 화장품	베이스 메이크업	파운데이션, 메이크업 베이스, 파우더, 컨실러
	포인트 메이크업	립스틱, 아이섀도, 립글로스, 립라인, 마스카라, 아이라이너
모발화장품	세정	샴푸
	컨디셔닝, 트리트먼트	헤어린스, 헤어트리트먼트, 헤어팩
	스타일링	헤어스프레이, 헤어무스, 포마드
	퍼머넌트웨이브	퍼머넌트웨이브 로션
	염색, 탈색	염모제, 헤어블리치, 헤어칼라, 칼라린스
	육모, 양모	육모제, 양모제, 두피에센스, 헤어토닉
	트리트먼트	스켈프 트리트먼트
	탈모, 제모	탈모제, 제모제
바디 화장품	세정	바디클렌저, 비누, 입욕제
	자외선차단	선스크린
	제한, 방취	방취제, 데오도란트
	제모	제모크림
색조화장품	네일	네일에나멜, 네일리무버
구강용 화장품	치마제	치약
	구강청정제	구강청정제, 마우스워셔
방향 화장품	향취 부여	퍼퓸, 오데퍼퓸, 오데토일렛, 오데코롱

또한 화장품은 계절, 날씨, 환경 등에 따라 다르게 사용되며, 사용하는 순서도 개인의 피부타입과 노화 정도에 따라 선택적으로 사용되어야 한다. 호르몬의 변화가 시작되는 사춘기 때는 피지분비량을 조절할 수 있는 제품, 20~30대는 기미, 주름 등 피부의 잡티를 조절할 수 있는 제품, 40~50대는 피부의 처짐을 관리할 수 있는 제품, 60대는 아름다운 노화를 위한 적합한 화장품을 선택하는 것은 매우 중요한 일이다.

04 화장품의 요건

아름다움에 대한 인간의 욕구는 남녀노소 누구든 같은 마음이다. 따라서 화장품은 소비자의 욕구를 만족시키기 위해서 수많은 기술이 개발되고, 그에 따른 제품이 출시되었다. 그러나 제품의 사용방법을 모르고, 무분별하게 사용한다면 예상하지 못한 부작용을 일으킬 수 있다. 따라서 인체에 장기간 지속적으로 사용하는 화장품은 안전성이 확보되어야 하며, 안정적으로 오랫동안 사용해야 하기 때문에 제형에 변화가 생기면 안 된다. 또한 피부에 잘 도포되어 피부를 보호해 주어야 하고, 효과를 부여한 기능성 화장품은 유효성이 있어야 한다. 따라서 하나의 제품을 출시하기 위해서는 안전성, 안정성, 사용성, 유효성의 철저한 연구개발이 필요하다.

화장품의 4대 요건

구분	내용
안전성	피부에 대한 자극, 알레르기, 독성이 없는 것
안정성	보관에 따른 변질, 변색, 변취, 미생물에 오염되지 않아야 하며 화장품의 제형이 지속적인 것
사용성	피부에 사용했을 때 손놀림이 쉽고, 피부에 매끄럽게 잘 발라질 것
유효성	적절한 보습, 노화 억제, 자외선 차단, 미백, 세정 등 효과를 부여할 것

9

피부와 화장품

REALSKIN

CHAPTER 9

피부와 화장품

피부의 각질층은 10~20%의 수분을 함유하고 있으며 수분량이 10% 이하로 떨어지면 피부가 건조해지고 지속되면 노화도 빨라진다. 따라서 피부의 수분량을 유지하는 것은 매우 중요한 일이며 이를 유지하기 위해서는 많은 노력을 기울여야 한다.

각질층에 존재하는 천연보습인자(NMF)는 아미노산, 젖산염, 카르복시산, 무기염 등의 성분인 수용성 보습성분이다. 이들 성분에 의해 표피는 적절한 수분을 유지하여 촉촉하고 유연한 피부를 유지할 수 있다. 또한 각질층을 구성하는 각질세포들은 각질세포간 지질이 존재하는데 이들은 세포 사이에 존재하는 수분과 수소 결합망을 형성하여 수분을 일정하게 유지할 수 있는 라멜라 구조를 형성한다. 그러나 나이가 들어감에 따라 어쩔 수 없는 노화현상이 일어나게 된다. 피부는 피지선에서 유분을 한선에서 땀을 분비시켜 이들의 결합으로 피지막을 형성하여 피부의 수분을 조절하는 역할을 하는데 노화가 진행되면서 피지선의 기능이 떨어지면 피지 생산량이 줄어들어 얇은 피지막을 형성하게 되고 그러면 외부의 자극으로부터 피부를 보호하는 능력이 떨어져 민감한 반응을 보이게 된다. 따라서 피부에 있어야 하는 수분들이 환경적 변화에 쉽게 증발되기 때문에 적절한 관리를 꾸준히 하지 않으면 피부가 쉽게 건조해지고 노화도 촉진되며 주름발생률이 높아진다. 즉 노화는 피부에서 수분을 잃어가는 과정이므로 피부의 천연피지막 대신 적절한 기초화장품을 공급하여 인공적인 피지막의 도움을 받는 것도 피부의 수분도를 지키기 위한 하나의 방법이라 할 수 있다. 따라서 기초화장품은 피부의 저하되는 기능을 보완 또는 정상적으로 작용하도록 도와주는 제품으로 피부의 항상성이 정상적으로 유지되도록 하는 것이다. 그러므로 피부의 구조학적 특징과 생리작용을 이해하여 화장품과의 관계성과 구성성분의 효과에 대해 알아보고자 한다.

화장품을 제형화 할 때 사용가능한 원료는 화장품 원료기준(KCID) 및 INCI(International Nomenclature of Cosmetic Ingredient)에 등재된 원료와 일본과 유럽의 화장품 원료기준집에 등록된 원료로 안전성이 입증된 원료를 사용해야 한다. 새로운 화장품원료는 안전성, 안정성, 유효성을 입증하여 허가를 득한 후에 사용 가능하다.

현재 화장품을 만들 때 사용하는 원료는 9,000여 종 이상이고 약 30~50여 종의 원료를 이용해서 화장품을 제조하는데, 이러한 성분들을 어떻게 배합하느냐에 따라서 다양한 체형의 화장품들이 출시된다. 화장품은 크게 기초, 메이크업, 모발 화장품으로 구분할 수 있다.
화장품의 성분은 물에 녹는 수성성분과 기름에 녹는 유성성분이 가장 기본적인 성분이다. 보습제로 사용되는 글리세린은 대표적인 수성성분이고, 유성성분은 오일, 왁스 등으로 이들이 적절히 배합되어야 화장품이 만들어진다. 또한 과거 화장품의 개념이 피부 표면이 갈라지거나 트는 정도의 현상을 방지하거나, 보습효과를 주어 당김을 예방하는 정도였다면 현재에는 인간의 생리적 변화를 과학적으로 입증하면서 새로운 성분들을 개발하여 미백, 노화, 자외선 차단 등의 기능적인 개념으로 발전하고 있다.
화장품을 만들기 위해 사용되는 대표적인 성분들은 수성원료, 유성원료, 계면활성제, 보습제, 분산제, 점증제, 고분자화합물, 자외선차단제, 산화방지제, 방부제, 색소, 향료, 추출물 등이 있다.

01 수성원료

1) 정제수

정제수는 물에 함유되어 있는 불순물인 이온, 미생물, 고체입자, 유기물 등을 완벽하게 제거한 물로 피부를 촉촉하게 하는 기능을 하며 화장수, 로션, 크림 등의 기초 물질이다. 마그네슘, 칼슘 등의 금속이온이 함유된 물과 세균에 오염된 물은 모공을 막거나 끈끈하게 부착될 수 있으므로 세균과 금속이온이 정제되어야 한다. 또한 이러한 금속이온은 화장품 속의 다른 성분과 결합하여 제품의 안정성을 변화시켜 품질을 저하시키므로 이온교환수를 이용하여 정제한 물을 자외선램프에서 비추어 멸균한 물을 사용하여야 한다. 그러나 최근 화장품의 컨셉이나 목적에 따라 정제수 대신 해양심층수, 온천수, 빙하수 등을 사용하기도 한다.

2) 에탄올

에탄알코올, 곡정, 주정이라고도 하는 에탄올은 무색·무명의 휘발하는 성질을 가지고 있어 피부에 청량감을 주고, 각질층을 수축시키고 수렴작용을 하여 모공을 수축시켜준다. 또한 제형에 배합된 에탄올의 양과 목적에 따라 소독, 청결, 가용화제, 살균작용, 수렴, 건조 촉진제 등의 목적도 있다. 따라서 화장수, 아스트리젠트, 향수, 헤어토닉 등에 많이 사용한다. 화장품 중에 아스트리젠트는 이러한 에탄올의 배합량을 증가시켜 모공을 축소시키고, 시원하게 사용하면 청량감이 높아 한때 국내에 폭발적인 반응을 보였던 화장품이다. 피부의 상태에 따라 "무알코올" 제품을 사용해야 하는 피부는 에탄올이 함유되지 않은 제품을 선택하면 된다. 화장품을 만들 때 사용하는 에탄올은 메탄올, 페놀, 부탄올 등을 이용하여 변성시킨 변성알코올과 다가알코올(글리세린, 부틸렌글라이콜, 프로필렌글라이콜, 소르비톨, 소듐피씨에이 등)을 사용한다.

02 유성원료

화장품에 사용하는 유성원료는 피부를 부드럽고 유연하게 하며 피부 표면에 수분 증발을 억제하여 보습을 유지해 피부건조를 예방하고 사용감을 향상시켜주는 원료로 크게 천연물에서 추출된 천연오일과 화학적으로 합성하여 만들어진 합성오일이 있다. 천연오일은 식물 또는 동물에서 추출한 오일로 대부분 트리글리세리드(triglyceride)의 구조이다. 유성성분은 오일(oil)과 지방(fat)으로 나뉘는데 상온에서 액체 상태를 유지하는 것은 오일, 고체의 형태인 것은 지방이라 한다.
화장품에 사용하는 유성원료는 동식물 등에서 추출하여 각각의 고유의 색깔과 냄새를 정제시킨 후 불포화결합 상태의 물질에 수소를 결합시켜 포화상태로 안정화시킨 경화유를 사용한다. 경화유는 끈적임이 적고 산패가 쉽지 않아 많이 사용된다. 그러나 경화유가 식품분야에서는 트랜스 지방이기 때문에 다량 섭취 시 비만의 원인이 된다.
유성원료는 유지류, 왁스, 탄화수소류, 지방산, 고급알코올, 에스테르류, 실리콘 등으로 구분한다.

1) 유지류(Oils and Fats)

동식물에서 추출한 원료로 고급지방산, 글리세린의 트리글리세라이드이다.
불포화결합 상태인 천연 원료들을 탈색·탈취한 후 수소를 결합시켜 포화결합상태로 만든 경화유로 사용하기도 한다.

(1) 식물성 오일

식물의 열매나 잎에서 추출한 오일로 피부에 친화성과 향은 좋으나, 불포화 결합이 많아서 쉽게 산화되어 변질되고, 피부에 흡수가 느린 문제가 있다.

오일명	내 용
밀배아 오일 (wheat germ oil)	• 밀의 눈을 압착 또는 용매 추출 • 항산화제 Vitamin E 함유, 천연 항산화제로 사용 • 건성, 노화, 세포재생 효과
아몬드 오일 (Almond oil)	• 스위트 아몬드의 씨에서 추출 • 불포화지방산인 리놀레산 풍부(유연작용) • 크림, 로션, 에몰리언트, 마사지 등에 사용
올리브 오일 (Olive oil)	• 올리브 열매를 압착 추출 • 불포화지방산인 올레인산 풍부(수분증발 억제, 피부 친화성 우수) • 선탠오일, 마사지 오일, 크림, 립스틱, 모발용 화장품 등에 사용
로즈힙 오일 (Rosehip oil)	• 야생장미 종자를 냉동 압착하여 용매 추출 • 리놀렌산 풍부 • 잔주름, 상처 회복, 피부재생 효과
아보카도 오일 (Avocado oil)	• 아보카도 열매를 압착 추출 • 올레인산, 리놀레인산, 각종 비타민 풍부(살균, 진정효과 우수) • 크림, 립스틱, 선탠 제품, 화장품 등에 사용
마카다미아 오일 (Macadamia oil)	• 마카다미아 나무의 열매를 압착 추출 • 올레인산, 팔미톨레산 풍부(피부 친화적) • 건조, 노화 피부에 사용
살구 씨 오일 (Apricot kernel oil)	• 살구 씨를 냉동 압착 추출 • 건성피부, 민감성 피부, 염증성 피부 개선
달맞이꽃 오일 (Evening primrose oil)	• 달맞이꽃의 종자에서 추출 • 필수지방산인 감마리놀렌산 풍부 • 건조, 거칠음, 노화, 아토피, 피부재생 효과
피마자 오일 (Caster oil)	• 아주까리 씨를 압축 추출 • 리시놀산 풍부 • 립스틱, 포마드 등에 사용

(2) 동물성 오일

피부에 친화성이 좋고 흡수가 빠르다. 그러나 냄새 또는 색상이 좋지 않고 쉽게 산화된다.

오일명	내 용
에뮤오일 (Emu oil)	• 에뮤의 앞 가슴살에서 추출 • 상처 치료, 피부 보호, 피부친화성 우수 • 항염증 등에 사용
밍크오일 (Mink oil)	• 밍크의 복부 피하지방에서 추출 • 피부 퍼짐성, 침투성 우수 • 피부재생 효과 우수
스쿠알란 (Squalane oil)	• 상어 간유에서 추출 • 모발컨디셔닝제, 피부보호제, 수분증발차단제 등에 사용

(3) 광물성 오일

석유에서 추출하는 광물성 오일은 무색무취하며 산패나 변질은 일어나지 않으나 유분감이 강하고 끈적거리며, 피부호흡을 방해한다. 유동파라핀, 바셀린이 대표적인 광물성 오일이다.

(4) 합성오일

합성오일은 고급지방산과 저급 알코올의 에스테르 결합에 의해 얻어지며 합성에스테르유라고도 한다. 끈적임이 없고 안정성도 좋으며, 피부호흡을 방해하지 않는다. 대표적인 합성오일은 실리콘 오일이다. 이는 화학적으로 안정성, 매끄러움, 내수성이 우수하여 사용량이 꾸준히 증가하고 있다.

2) 왁스류

왁스는 동식물에서 얻어 정제하여 사용하는 고체 상태의 유성원료로 기초 화장품과 색조화장품에 널리 사용된다. 화학적으로는 고급지방산에 고급알코올이 결합된 에스테르를 말한다. 왁스는 화장품이 형태를 유지할 수 있게 굳기를 증가시켜 주며, 사용감과 광택을 부여해 준다. 따라서 립스틱, 크림, 제모왁스 등에 널리 사용된다. 이러한 왁스는 식물성 왁스, 동물성 왁스로 나눌 수 있다.

(1) 식물성 왁스

식물성 왁스는 열대 지방에서 자생하는 식물의 잎이나 열매에서 추출한다.

식물성 왁스	내 용
카나우바 왁스 (carnauba wax)	• 카나우바 야자나무 잎에서 추출 • 녹는점 : 80~86℃ • 광택, 강도 우수 • 립스틱, 크림, 탈모제 등에 사용
칸데릴라 왁스 (Candelilla wax)	• 칸데릴라 식물의 줄기에서 추출 • 녹는점 : 68~72℃, 광택 • 립스틱, 크림 등에 사용
호호바 오일 (Jojoba oil)	• 호호바 열매의 씨 추출 • 액체 왁스 • 산패되지 않는다. 퍼짐성, 진정력, 상처치료, 산뜻함, 유연감이 좋다. • 마사지오일, 베이스오일 등으로 사용

(2) 동물성 왁스

벌집과 양모 등에서 추출하며, 벌집과 양털을 가열하고 압착하여 용매로 추출한다. 밀납과 라놀린이 대표적인 동물성 왁스이다.

동물성 왁스	내 용
밀납 (Bees wax)	• 벌집에서 추출(가장 오래된 화장품 원료 중 하나) • 녹는점 : 60~67℃ • 유연함 우수 • 크림, 로션, 파운데이션, 아이섀도, 마스카라 등에 사용
라놀린 (Lanolin)	• 양의 털에서 추출 • 알레르기 유발 • 녹는점 : 36~42℃ • 친화성, 윤택성, 부착성 우수 • 기초 화장품, 메이크업 화장품, 모발 화장품 등에 사용

(3) 기타

유성원료에는 탄화수소(유동파라핀, 바셀린 등), 고급 지방산(라우르산, 팔미트산 등), 고급 알코올(세틸 알코올, 스테아릴 알코올 등), 에스테르(이소프로필 미리스테이트, 세틸 옥타노에이트 등), 실리콘 오일(디메치콘, 사이클로메치콘 등) 등이 있다.

03 보습제

보습제는 피부를 촉촉하게 하는 원료를 말한다. 따라서 피부가 건조해지면 소양감이 생기고 주름도 발생하는데 보습제를 도포하면 이러한 증상이 완화된다. 즉 보습제는 피부 표면의 건조함만 개선시키는 것이 아니라 표피의 대사 과정을 조절하며, 노화, 미백에도 영향을 미친다.

보습제	내 용
글리세린 (glycerin)	• 가장 보편적인 보습제 • 무색무취, 단맛 • 끈적임이 있다.
프로필렌글리콜 (propylene glycol)	• 무색무취 • 보습력이 떨어짐, 사용감 우수 • 피부 부작용 유발

보습제	내 용
솔비톨 (Sorbitol)	• 과즙(사과, 복숭아 등)에 함유된 당 알코올 • 백색, 무취의 고체 • 보습력 우수
천연보습인자 (Natural moisturizing factor)	• 구성성분 : 아미노산, 구연산염, PCA, 요소, 당, 젖산염, 글루코사민, 펩티드 등 • 수분량 유지, 수분 증발 억제
히알루론산 (Hyaluronic acid)	• 뮤코다당류의 보습제 • 윤활성, 유연성, 세균 감염 방지, 보습력 우수 • 자신의 무게의 80~100배에 해당하는 우수한 수분 흡수 능력 • 닭 벼슬, 동물의 탯줄에서 추출, 최근 미생물 발효로 다량 생산
콜라겐 (Collagen)	• 피부탄력에 관여 • 보습력, 물 결합력 우수 • 물에 녹지 않고 분자량이 커서 피부 깊숙이 침투 어려움

04 계면활성제

한 분자의 둥근 머리 쪽은 물과 친한 친수성기, 꼬리 쪽은 기름과 친한 친유성기를 동시에 가지고 있는 물질로, 도저히 섞일 수 없는 기름과 물의 성질을 계면활성제를 이용하여 두 물질의 계면의 성질의 장력을 약화시켜 섞일 수 있게 하는 물질이다. 계면활성제의 종류는 양이온성, 음이온성, 비이온성, 양쪽성 계면활성제로 나뉘며 이는 친수성기의 이온성에 따라 분류한다.

계면활성제	내용
음이온성	• 세정력, 기포형성력이 우수 • 화장비누, 샴푸, 바디클렌저 등에 사용
양이온성	• 정전기 방지, 유연성 부여 • 헤어린스, 헤어트리트먼트, 유연제, 대전방지제 등에 사용
양쪽성	• 피부자극이 적음, 유아와 어린이용 제품에 사용 • 세정력, 살균력, 유연성 우수 • 저자극 샴푸, 베이비 샴푸 등에 사용
비이온성	• 피부 자극이 가장 적음, 피부 안전성 높음 • 유화력, 윤활력 우수 • 기초화장품의 가용화제, 크림의 유화제 등에 사용
기타	• 바이오, 천연, 합성, 실리콘, 고분자 계면활성제 등

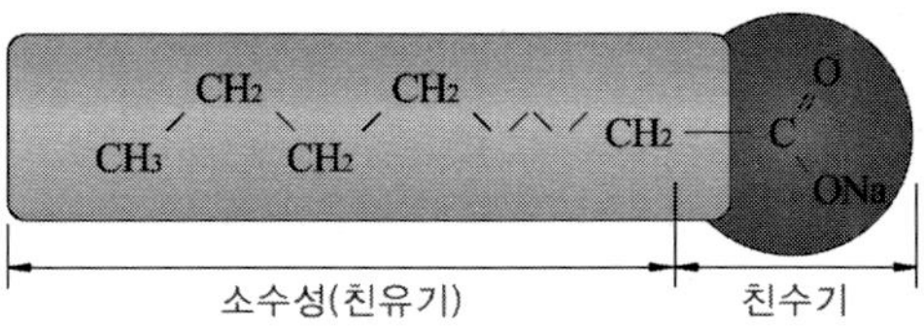

※ 계면활성제의 친수성기와 친유성기

05 방부제

화장품이 완성되기까지는 수많은 원료들을 배합하여야 하는데, 이때 배합되는 원료 중 글리세린, 솔비톨, 단백질 등 영양성분이 충분한 성분들이 공기와 접하게 되면 미생물의 작용으로 색상, 향, 점도 등이 변화하고, 곰팡이가 생기는 부패현상이 일어난다. 이때 부패되는 것을 억제하는 것이 방부제 또는 보존제이다.
미생물은 온도, 습도, 영양분만 있으면 모든 물질에서 증식할 수 있다. 따라서 화장품도 예외는 아니므로 방부제를 이용하여 화장품을 제조하는 순간부터 소비자가 사용하는 일정기간 동안 안전하게 사용할 수 있도록 해야 한다. 그러나 방부제의 배합량이 많아지면 피부 트러블을 유발하기 때문에 피부에 대한 안전성 테스트를 거친 안전한 것을 사용한다.
미생물의 오염경로로는 화장품을 제조하는 과정에서 오염되는 1차 오염이 있고, 2차 오염은 화장품을 사용하는 소비자의 제품 사용방법에 따라 오염되는 경우가 있다. 따라서 항상 편안하게 사용하는 화장품이지만 사용 시 위생적인 관리가 중요하다.
사용하는 방부제의 종류로는 파라옥시안식향산메틸, 페녹시에탄올, 파라옥시안식향산프로필, 이미다졸리디닐우레아, 디아졸리디닐우레아, 디엠디엠하이단토인 등이 있다.

06 점증제

모든 화장품은 사용 목적과 특징에 따라 조금씩 점성이 다르다. 이와 같이 화장품의 점성과 안정성을 유지하기 위해서 사용하는 원료를 점증제라고 하며 제품의 사용감을 결정하는데 중요한 요인이 된다. 주로 천연 고분자, 합성 고분자, 반합성 고분자로 나뉘는데 오래전부터 천연 고분자가 화장품의 점증제로 사용되었으나 최근에는 미생물 오염과 안전성의 문제 그리고 점도의 변화로 인하여 합성고분자와 반합성 고분자로 대체된다. 점증제는 화장품의 사용감에 중요한 영향을 미치기 때문에 사용 목적과 특징에 따라 산탄검(Xanthan gum), 퀸스시드검(Quince seed gum), 카르복시비닐 폴리머(Carboxyvinyl polymer), 카르복시메틸 셀룰로오스 나트륨(Sodium carboxymetnyl cellulose) 등을 선택하여 사용할 수 있어야 한다.

07 색소

화장품에 아름다운 색상을 부여하는 역할을 하는 색소는 자외선을 차단하거나, 피복력을 갖는다. 색소는 기초화장품에도 사용하지만 피부의 잡티 또는 결점을 커버하고, 아름다운 피부를 표현하기 위해 주로 메이크업 제품에 많이 사용된다.

일반적으로 사용하는 색소의 종류는 염료와 안료로 구분하고, 염료는 물에 잘 녹는 수용성 염료와 오일에 잘 녹는 유용성 염료로 나뉜다. 안료는 물과 기름 등에 용해되지 않는 것으로 무기안료는 무기물질로 된 것이고, 유기안료는 유기물질로 된 것이다.

염료는 기초 화장품, 모발 화장품 등에 색상을 부여하기 위해서 사용하는데, 로션, 화장수, 샴푸 등의 착색에는 수용성 염료를 사용하고 헤어오일 등에는 유용성 염료를 사용하는데 색조화장품에는 물과 오일에 잘 녹기 때문에 사용하지 않는다. 색조화장품에는 물과 오일에 녹지 않는 안료를 사용한다. 따라서 마스카라는 커버력이 우수한 무기안료를 사용하고, 립스틱 종류는 선명한 색상을 나타내기 위해 유기안료를 사용한다.

08 향료

인간도 개인에 따라 조금씩 다른 체취를 가지고 있고 이러한 체취를 통해 이성간의 끌림이 생기는 것처럼 향은 우리의 일상과 밀접한 관계 속에 존재하는 것이다. 따라서 화장품은 사용하는 사람의 개성과 매력을 연출하기 위해 사용하는 제품으로 향기도 하나의 요인으로 작용한다. 동서양의 대표적 미녀인 양귀비와 클레오파트라도 자신만의 향을 사용하였다.

화장품에 향을 사용하는 목적은 화장품 제조 시 여러 원료들이 가지고 있는 특유의 냄새를 향을 이용하여 감추기 위해서 사용하고, 향 자체가 가지는 은은함은 생리적, 심리적 효과를 가지고 있기 때문에 상품의 가치를 향상시키기 위해 사용한다.
화장품에서 좋은 향이 나면 사용할 때 기분도 좋아지고 자신의 매력을 발산시키는데 도움을 준다. 최근 소비자들의 화장품 선택 기준 중 하나가 좋은 향인만큼 향이 차지하는 비중이 커져가고 있는 것이 현실이다.

09 기타 첨가제

1) 산화방지제

화장품의 원료 중 대표적인 것이 물과 유지류인데 유지류는 공기 중에 오래 노출되면 산화가 일어나기 때문에 이를 방지하기 위해서 사용하는 원료(토코페롤, 레시틴, 아스코르빈산, BHT, BHA 등)

2) 금속이온봉쇄제

화장품의 원료 중 물의 일종인 경수 등에 침전된 물질이 변색·변취의 원인이 되기 때문에 이러한 반응을 방지하기 위해서 사용하는 원료(인산, 호박산, 아스코르빈산, 포리인산나트륨, 에틸렌디아민4초산 등)

3) 동식물 추출물

동식물에서 추출하여 효과를 인정받은 원료(콜라겐, 프로폴리스, 태반추출물, 뮤신, 감초 추출물, 녹차 추출물, 알란토인, 아줄렌 등)

4) 비타민

우리 몸의 대사과정 중 비타민과 무기질은 꼭 필요한 영양소이며, 소량으로 피부의 대사기능을 정상화시킨다. 그런데 비타민은 몸 안에서 직접 합성되지 않기 때문에 음식물을 통해서 섭취하여야 한다. 지용성 비타민은 피부 표면과 친화력이 우수하여 경피 흡수를 용이하게 한다.(비타민 E, 비오틴 등)

5) AHA

사탕수수와 과일에서 추출한 천연산으로 각질 제거를 통하여 피부를 깨끗하게 개선시켜 주고, 간접적인 재생효과가 뛰어나 피부를 부드럽고 촉촉하게 하는 원료(젖산, 글리콜산, 주석산, 사과산, 구연산 등)

6) BHA

대표적인 원료로는 살리실산으로 각질 제거 효과는 AHA보다 약하지만 피부에는 안전적이다. 여드름 피부에 각질 제거와 피지 제거를 하기 위해서 사용한다.

7) 클레이

점토물질로 광물질의 혼합체이다. 피부발진, 벌레물린 곳, 화상, 자외선 과다노출, 종기, 물집 등을 진정시키고 마스크와 파우더 형태로 사용된다.

8) 알긴산

갈조류의 점액물질로 다당류이며, 점증제, 안정제 등으로 보습효과에 필요할 때 사용하는 원료로 모델링 마스크의 주성분이다.

10 화장품의 제형

화장품의 사용목적과 특징에 따라 적절한 원료를 배합하여 다양한 제형을 만들기 위해서는 가용화(Solubilization), 유화(Emulsion), 분산(Dispersion) 등의 제형화 기술이 필요하다.

1) 가용화 제품

화장품이 만들어지기 위해서는 기본적으로 물과 오일의 혼합이 이루어져야 하는데 이들의 경계면의 장력 때문에 서로 섞이지 않는다. 이러한 장력을 약화시키기 위해서 계면활성제를 이용하면 오일성분 테두리에 계면활성제가 친유성기를 붙여 미셀이라는 작은 집합체를 만든다. 이때 만들어진 미셀의 크기는 가시광선의 파장(400~800nm)보다 작아 빛을 그대로 통과시키므로 투명한 상태로 보인다. 화장수, 에센스, 헤어리퀴드, 헤어토닉, 향수 등은 대표적인 가용화 제품이다.

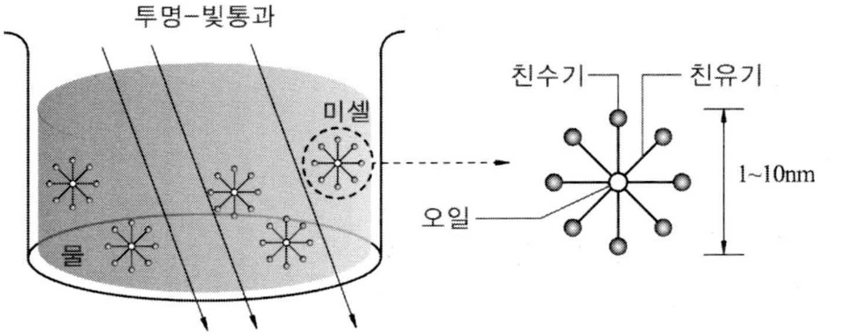

2) 유화 제품

물과 오일 등의 섞이지 않는 두 성분을 유화제와 기기적인 힘을 이용하여 균일하게 섞여 있게 하는 상태를 유화라고 한다. 따라서 섞이지 않는 두 성분을 섞이게 하고 기기적인 힘으로 교반하여 균일하게 혼합되어 있는 상태로 우윳빛처럼 하얗게 백탁화된 상태의 제품을 말한다. 이때 형성되는 오일의 크기는 미셀의 크기에 비해 1,000배 정도 크기 때문에 빛이 통과되지 못하고 반사되어 산란되기 때문에 백탁화 되는 것이다.

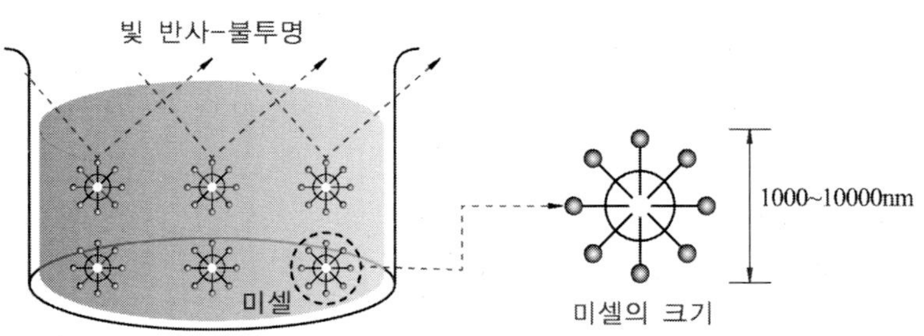

유화제의 종류로는 수중유형과 유중수형이 있는데, 물에 오일이 분산되어 있는 것을 수중유형(O/W형)이라 하고, 오일에 물이 분산되어 있는 것을 유중수형(W/O형)이라 한다. 이때 유화제의 입자가 작아져 미셀의 크기에 가까워지면 푸른빛의 백탁으로 나타나 약간 투명해지는 상태를 마이크로에멀젼이라 부른다. 이렇게 만들어진 유화제는 소비자를 만족시키기 위해서 제조 시에 제품에 대한 사용 목적과 연령 등을 고려하여 적합한 제형의 화장품으로 생산되어야 한다. 크림류와 로션은 대표적인 유화제품이다.

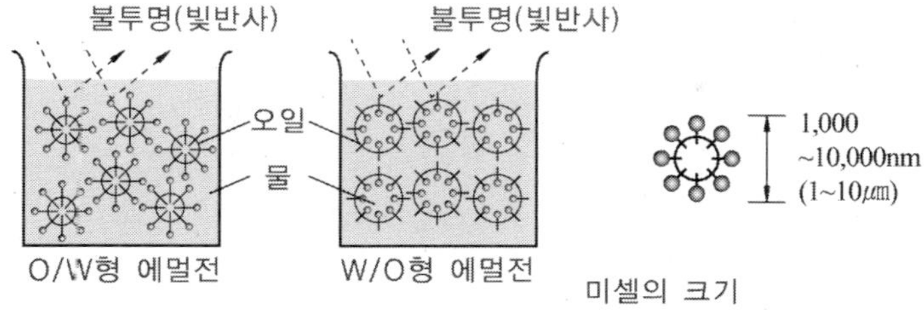

미셀의 크기

3) 분산 제품

고체 또는 액체, 때에 따라서는 기체에 다른 물질이 미세한 상태로 고르게 분산되어 있는 상태이다. 대부분의 화장품은 분산제품이라 할 수 있다. 이때 사용되는 계면활성제는 고체입자의 표면에 붙어 입자끼리 서로 뭉치거나 가라앉는 것을 방지하며 액체 속에 균일하게 혼합시킨다. 이러한 방법을 이용하여 만들어진 화장품은 메이크업 베이스, 화운데이션, 립스틱, 아이라이너, 마스카라, 네일 에나멜 등과 같은 색조화장품은 대부분 분산제품이다. 색조화장품은 색상을 이용하여 피부나 손톱 등에 아름다움을 연출하고자 하기 때문에 색상을 부여하는 성분인 안료를 이용한다. 또한 안료를 얼마나 균일하게 분산시키느냐는 화장품의 가치와도 밀접한 관계가 있다.

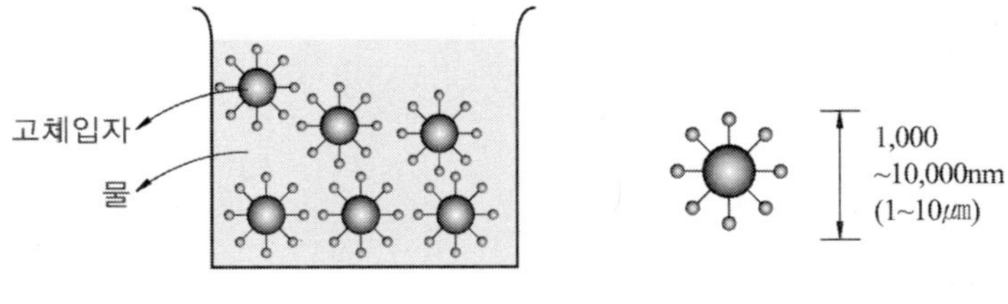

10

기초 화장품의 필요성

REALSKIN

CHAPTER 10

기초 화장품의 필요성

01 기초화장품의 필요성

기초 화장품은 피부를 청결하고 깨끗하게 하며, 각질층의 보습을 유지하는 것이 주목적으로 외부의 유해물질로부터 피부를 보호하며 아름답고 건강하게 유지시켜준다.
기초화장품은 청정작용, 자외선 차단, 건조방지, 세포 재생, 항균작용 등의 기능이 있다.

02 기초화장품의 사용목적

기초화장품은 피부정돈, 세정, 피부보호를 목적으로 종류와 성분에 따라 사용방법이 다르기 때문에 선택한 화장품의 성분을 알고 개인의 생리적 기능이 정상적으로 유지될 수 있도록 성별, 나이, 특성, 계절, 상태, 기호성 등에 따라 적절한 화장품을 선택하여 사용하여야 한다.
각질층의 보습상태는 표피의 각질층에 존재하는 NMF 성분과 세포간지질에 존재하는 세라마이드에 의해서 영향을 받으며, 또한 진피를 구성하고 있는 성분 중 고분자 점액질인 히알루론산도 영향을 미친다. 그런데 나이가 들어 노화가 진행될수록 각질층의 NMF 성분과 진피층의 고분자 점액질인 히알루론산 성분의 함량이 서서히 감소하고 피부표면의 산성막을 담당하는 피지의 분비량마저 줄어들게 되면 피부는 점점 건조해지면서 거칠어져 주름이 나타난다. 이때 감소된 NMF 성분과 피지 및 수분을 대신할 수 있는 화장품을 자신의 피부타입에 적합한 제품을 선택하여 사용함으로써 피부에 모이스처 밸런스를 유지시켜 피부를 개선할 수 있다.

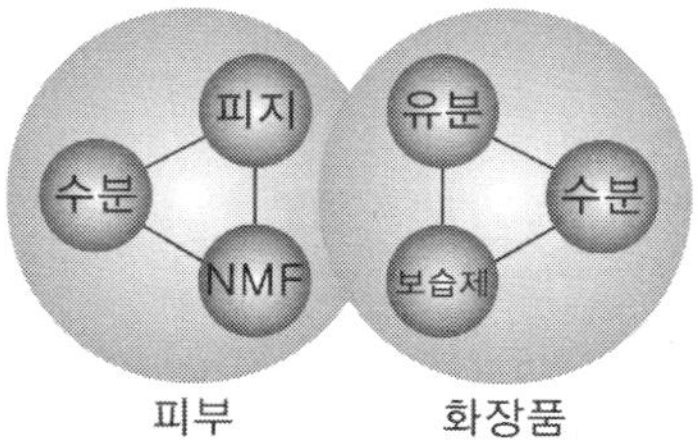

피부에 유분과 수분의 균형은 아주 중요한 역할을 한다. 피부가 건조해지고, 노화되는 것도 예방하지만 피부표면을 유연하게 하여 매끄럽고 촉촉한 건강한 피부를 유지시켜준다. 따라서 화장품은 피부의 NMF 성분과 피지 이외에도 한선에서 분비되는 땀과 염분 등의 대사물질이 존재하게 되는데 이들이 외부에 장시간 노출되면 산소와 박테리아 등의 영향으로 산화되기도 한다. 이러한 유해물질을 깨끗하게 제거하기 위해서 사용하는 클렌징류의 제품들이 있는데 이는 피부를 가장 기본적으로 보호하는 기초적 단계이다. 이렇게 세정하고 나면 피부표면의 피지막이 손상되기 때문에 신속하게 수분과 유분을 보충시켜 피부의 pH 밸런스를 유지시켜주기 위해서 화장수류를 이용한다. 크림류에 비해서 유분량이 적은 로션은 에멀젼 타입으로 피부의 보습력과 유연감을 유지시켜주는 유화제품이다. 유화제품은 유분의 양 또는 제형의 상태에 따라 액상에서부터 크림타입까지 다양하다. 그러므로 피부의 상태와 타입, 환경, 계절 등의 조건을 고려하여 사용 목적에 적합한 제품을 선택하여야 한다. 그러나 잘못된 제품의 선택으로 피부의 밸런스가 깨지게 되면 병적 징후가 나타날 수도 있다.

기초화장품의 사용목적

목적	내용
세안	피부표면의 더러운 찌꺼기, 메이크업 잔여물, 피부노폐물 등을 제거하여 피부를 청결하게 해준다.
피부정돈	세안으로 인해 균형이 깨진 피부의 pH를 신속하게 정상적으로 되돌리기 위해서 수분과 유분을 공급하여 피부 결을 정돈해준다.
피부보호	피부의 건조함을 방지하고 매끄럽게 하며, 추위, 세균 등의 외부환경으로부터 보호해준다.

03 세안 화장품

일반적으로 아침에 일어나면 수면 시 분비된 피부의 노폐물을 제거하기 위해 세안을 하고 자신의 매력과 아름다움을 표현하기 위한 메이크업을 한다. 이렇게 하루를 보내는 동안 피부는 생리적 분비물과 땀, 피지, 먼지 등에서 발생하는 수성의 더러움과 메이크업이나 환경에서 오는 오염물질 등 유분이 많은 것에서 발생하는 유성의 더러움으로 구분한다. 즉 세안제에 대한 이해가 필요하며 그에 따른 세안제의 선택이 중요한 요인이 된다. 수성의 더러움은 물 세안만으로도 해결할 수 있지만 메이크업의 잔여물이나 매연 등의 환경적 오염인 유성의 더러움은 세정력이 강력한 제품을 사용해서 깨끗이 제거하여야 한다. 그러나 세정력이 강력한 제품일수록 피부에 자극이 강하여 손상도 늘어나기 때문에 어떠한 오염물인가에 따라 적절한 세안용 제품을 선택하여야 피부의 자극을 최소화시킬 수 있다.

피부에서 분비되는 땀과 피지는 피지막을 형성하여 피부를 보호하기도 하지만 시간이 경과되면 더러운 오염물로 변하게 되고, 색조화장품 또한 깨끗하게 제거하지 않고 피부에 오랜 시간 방치하게 되면 서서히 산패되거나 분해되어 오염물들이 모공을 막게 되고 이는 피부의 혈액순환과 신진대사에 장애를 일으키게 된다. 따라서 피부의 더러움이나 오염물을 깨끗이 제거하는 것은 건강한 피부를 지키는데 필수적이다. 더러움을 제거함에 있어서 세안제를 잘 선택하는 것도 중요하지만 우리와 밀접한 관계를 가지고 있는 물도 건강한 피부를 지키는데 중요한 요인 중 하나이다. 물에는 마그네슘과 중금속이온, 칼슘이온이 함유되어 있는 경수와 불순물이 섞이지 않은 연수로 나뉘는데 이때 연수를 이용하여 세안을 하면 어떠한 세안제도 계면활성제가 활성화되기 때문에 세안이 가능하다. 그러나 경수는 물에 섞여있는 불순물로 인하여 계면활성제의 성분에 따라 세안 가능 여부가 달라진다.

피부의 각질층 pH를 4.5~5.5인 약산성의 상태를 유지하기 위해서 천연보습인자와 세포간 지질 등의 성분이 혼합되어 약산성의 농도를 유지시켜 준다. 건강한 피부의 경우 4.5~5.5의 약산성 상태로 되돌아가는 시간은 약 3시간 정도 걸린다. 그러나 민감한 피부는 3시간 이상 걸리기 때문에 피부의 각질층의 결합은 느슨해지고, 외부의 환경으로부터 영향을 쉽게 받을 수 있기 때문에 신속히 약산성 화장수를 피부에 도포하여 약산성 상태로 되돌아갈 수 있도록 해야 한다. 세안제 또한 유성성분이 함유된 제품을 이용하여 피부의 자극을 최소화시킨다.

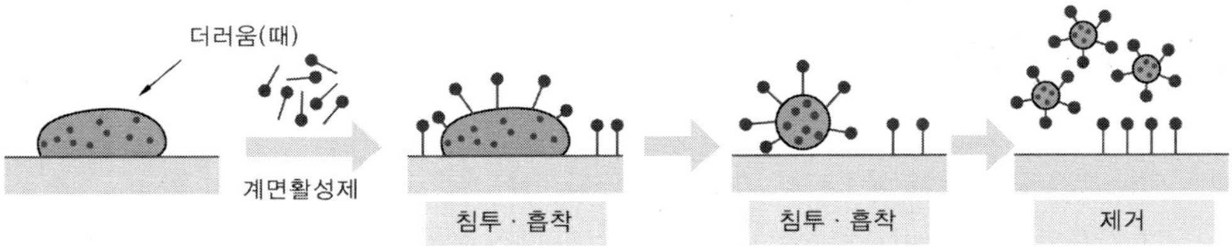

※ 계면활성제형 세안 화장품의 작용원리

※ 용제형 세안 화장품의 작용원리

1) 세안의 목적

피부의 생리적작용에 의한 노폐물과 외부환경으로부터 오염된 오염물을 제품을 이용하여 깨끗하게 제거하여 원활한 혈액순환과 피부의 신진대사를 목적으로 한다.

목적	내용
청결과 위생	• 깨끗하고, 맑고, 혈색 있는 피부를 건강한 피부라 한다. • 외부 환경적 오염물, 메이크업 잔여물 등을 깨끗하게 씻어내어 건강한 피부를 유지하는데 기초를 둔다.
혈액순환 촉진	• 마사지의 기본 동작은 문지르는 것이다. • 클렌징 또는 세안 시 문지르는 작업이 반복되면서 표층의 모세혈관들이 자극을 받으므로 혈액순환이 촉진된다.
트리트먼트 준비단계	• 피부와 모공을 깨끗이 정돈하여 유효성분들이 피부 속으로 잘 흡수될 수 있도록 도와준다.
피부의 컨디셔닝	• 세안용 화장품에는 유효성분들이 많아 단순한 세척의 목적이 아닌 피부의 피지와 수분의 균형을 유지시켜주기도 하고 표피의 케라틴 세포의 기능을 강화시켜 주기도 한다.

2) 세안제의 분류 및 원리

세안제는 수성원료, 유성원료, 계면활성제 등으로 분류한다.

분류	내용
계면활성제에 의한 세정작용	물과 기름의 면을 계면활성제의 기포를 이용하여 분산시킨 후 물로 씻어내는 방법(비누, 클렌징 폼, 합성세제 등)
용제에 의한 세정작용	물에 녹지 않는 유성물질을 유기용매를 이용하여 용해시켜 닦아내는 방법(클렌징 크림, 클렌징 워터, 클렌징 로션, 클렌징 젤 등)
각질제거에 의한 세정작용	노화된 각질이 각화되지 못하고 과각질화 되면 피부가 거칠고, 칙칙해져 노화의 원인이 된다. 따라서 적절한 각질관리가 필요하다.(스크럽 제품, 효소 필링 제품 등)

3) 세안용 화장품의 종류

세안용 화장품은 피부의 상태와 특징, 사용한 색조화장품의 종류에 따라 적합한 제품을 선택하여야 한다.

(1) 클렌징 폼(cleansing foam)

클렌징 폼은 과도한 탈지를 막고 수분을 공급하기 위하여 비누의 뛰어난 세정력과 클렌징 크림의 피부보호 기능을 결합시켜 유성성분과 보습제를 배합시킨 계면활성제형의 세안제로 주성분은 비누와 중성계면활성제이다.

사용방법은 손에 물을 묻힌 후 소량의 클렌징을 덜어 손에서 충분히 거품을 낸 후 얼굴 전체에 꼼꼼히 도포하여 얼굴에 자극적이지 않게 문지르고 물로 씻어낸다. 이때 피지분비량이 많은 T존 부위는 더욱더 꼼꼼하게 세척한다. 이렇게 클렌징 폼으로 세안을 하고 나면 피부의 당김은 거의 없어지는데, 만약 미끌미끌한 감촉이 남으면 이는 피부에 자극이 적은 약산성 클렌징 폼으로 기포력이 낮아 세정력 또한 낮기 때문이다. 그러나 일반적인 알칼리 타입의 클렌징 폼은 기포력이 우수하여 세정력 또한 우수하기 때문에 세안 후 뽀득뽀득한 느낌을 받을 수 있다. 따라서 클렌징 폼은 어떠한 계면활성제, 비누, 유분을 적절히 배합했느냐에 따라 차이가 있으며 이러한 종류의 클렌징 폼은 소비자가 클렌징 폼에 대한 정확한 지식이 제품을 선택함에 있어서 중요한 요인으로 작용할 것이다.

(2) 클렌징 크림(cleansing cream)

성질이 같은 유분끼리는 잘 섞이는 성질이 있다. 따라서 짙은 유성 메이크업을 제거할 때는 유분 성분인 유동파라핀(광물성오일)이 40~50% 함유되어 있는 클렌징 크림을 사용하는 것이 좋다. 클렌징 크림이 가지고 있는 유성성분을 이용하여 피부표면에 유성 때를 제거하는 것이 효과적이다. 일반 계면활성제형 제품은 유성의 메이크업을 잘 닦아내지 못하기 때문에 친유성 제품으로 먼저 녹여낸 후 클렌징 폼으로 이중세안을 하는 것이 좋다.

사용방법은 클렌징 크림을 적당히 덜어 얼굴 전체에 도포하고 손끝을 이용하여 마사지 하듯이 살살 문지른 후 티슈 등을 이용하여 가볍게 눌러서 제거한다. 이때 짙은 메이크업을 지우기 위해 오랜 시간 문지르면 피부온도가 상승하게 되므로 신속한 클렌징이 이루어져야 한다.

(3) 클렌징 로션(cleansing lotion)

클렌징 크림과 비슷한 성질을 가진 클렌징 로션은 유동파라핀이 30~40% 함유되어 있어 클렌징 크림보다는 세정력이 떨어지기 때문에 짙은 메이크업 보다는 옅은 메이크업을 지울 때 효과적으로 사용할 수 있다. 수분을 많이 함유하고 있어 퍼짐성이 좋고, 피부에 부담이 적으며, 부드러운 느낌을 주므로 가장 많이 사용되는 제품이다.
사용방법은 클렌징 로션을 적당량 손에 덜어 얼굴 전체에 도포한 후 손끝으로 마사지 하듯이 가볍게 문지르며 T존 주위는 더욱 꼼꼼하게 문지른 후 2중 세안한다.

(4) 클렌징 워터(cleansing water)

클렌징 워터는 오일성분이 없는 일종의 세정용 화장수로 가벼운 메이크업을 지우거나 지성피부 또는 메이크업 전에 피부를 청결히 정돈하기 위해서 닦아내는 목적으로 사용하는 화장품이다. 클렌징 워터는 계면활성제 3~5%와 에탄올을 배합하여 세정력을 증가시켰다. 따라서 유성성분에 대한 세정력이 약하기 때문에 깨끗하게 세정하기 위해서는 클렌징 폼을 이용하여 2중 세안한다.
사용방법은 코튼에 클렌징 워터를 충분히 적신 후 코를 중심으로 안에서 밖으로 닦아내 준다.

(5) 클렌징 젤(cleansing gel)

클렌징 젤은 유성과 수성 두 가지 타입으로 유성 타입은 유성성분이 많아 짙은 메이크업을 지우기에 용이하며, 수성 타입은 유성성분이 적어 유성 타입보다 세정력이 떨어지지만 촉촉하고 매끄러운 사용감을 느낄 수 있다. 지성피부나 여드름 피부에 적합하게 사용이 가능하다.
사용방법은 손에 물을 묻힌 후 클렌징 젤을 적당량 덜어 손에서 충분히 거품을 낸 후 얼굴 전체에 바르고 부드럽게 문질러 준다. T존 부위는 꼼꼼하게 문지르고 물로 깨끗하게 씻어낸다.

(6) 클렌징 오일(cleansing oil)

클렌징 오일은 식물성 오일을 다량 함유한 제품으로 워터프루프 타입의 화장처럼 쉽게 제거할 수 없는 화장도 클렌징 오일을 이용하면 쉽게 제거할 수 있다. 또한 피지 성분도

녹일 수 있기 때문에 블랙헤드를 제거할 때 사용해도 좋다.
클렌징 오일은 사용 후 티슈로 닦지 않고 바로 물세안도 가능하여 피부의 자극 없이 피부의 노폐물을 제거할 수 있다. 또한 피부에 화장품의 잔여물이 남아 착색되는 것을 방지하며 피부에 수분막을 형성하여 촉촉한 피부를 유지시켜준다. 그러나 오일성분이 피부에 잔류하면 여드름이나 뾰루지를 유발할 수 있다. 따라서 클렌징 오일을 사용한 후에는 2중 세안을 한다.
사용방법은 클렌징 오일을 손에 적당량 덜어서 얼굴 전체에 도포한 후 가볍게 문지른다.

(7) 립 & 아이 리무버(lips & eye remover)

독립피지선인 입술과 눈은 피부가 민감하기 때문에 따로 지우는 것이 좋다. 립&아이 리무버는 수성의 액상으로 이루어져 있으며 순한 계면활성제로 구성되어 있다. 점막의 자극을 최소화시키기 위해 눈물의 pH와 유사하고, 저자극성으로 따끔거림이 없다.

(8) 페이셜 스크럽(facial scrub)

페이셜 스크럽은 클렌징 폼에 스크럽이 섞여 있는 것으로 세정효과가 우수하여 피부에 쌓인 각종 노폐물, 묵은 각질, 화장품 잔여물, 먼지 등을 깨끗하게 제거하며, 마사지 효과, 세안효과, 각질제거 효과를 볼 수 있다. 얼굴에 충분한 양을 바르고 피부 결에 따라 가볍게 문질러 준다. 피지와 각질이 쌓이기 쉬운 T존 부위에 사용하면 좋다. 그러나 자주 사용하게 되면 피부를 자극하여 건조하고 예민해지므로 주의하여야 하며, 눈에 들어가지 않도록 주의를 기울이는 것이 좋다.

04 화장수(Skin lotion)

일반적으로 스킨로션이라고 부르는 화장수는 피부표면에 pH를 조절하고, 윤기를 부여하며, 유연작용, 살균작용, 수렴작용의 기능을 가지고 있다.
화장수는 대부분 정제수 70~80%에 에탄올과 보습제인 글리세린을 기본으로 하고 사용할 목적에 따라 산, 알칼리, 수렴제 등의 양을 결정하여 배합한다. 따라서 화장수는 크게 수렴화장수(산성 화장수)와 유연화장수(알칼리성 화장수)로 분류한다. 이중 수렴화장수는 알코올의 배합량을 높인 것으로 수렴작용을 목적으로 한 화장수이고, 유연화장수는 피부에 유연작용을 목적으로 한 화장수이다.

1) 유연화장수

유연화장수는 피부를 촉촉하고 부드럽게 하는 보습제와 유연제를 함유한 제품으로 피부 손질 시 다음단계에 사용하는 화장품이 잘 흡수되도록 한다. 피부의 pH와 화장수의 pH는 유사하여 세안 후 피부가 일시적으로 알칼리성이 된 피부에 유연화장수를 도포하면 피부를 약산성으로 되돌려 놓는다.
물과 알코올 그리고 글리세롤 등의 원료와 방부제를 배합하여 알칼리를 안정화시킨 화장수로 노화된 각질을 용해하여 매끈하고 윤기 있는 피부를 만들어 준다.
자신의 연령이나 피부타입에 따라 적절한 제품을 선택하여 사용한다.

2) 수렴화장수

수렴화장수는 피부의 한선과 피지선을 다시 수축시켜 탄력을 가져다주는 수렴작용을 목적으로 만든 화장수로 산성화장수, 스킨로션, 스킨토너, 아스트리젠트 등이 있다. 따라서 수렴화장수는 각질층에 수분을 공급하고 모공을 수축시켜 피부 결을 정돈해 준다.
일시적인 단백질 수축능력으로 피지와 땀을 억제하여 지성피부에 적합한 화장수이다.
또한 알코올 함량이 유연화장수보다 많아 청량감과 수렴효과가 우수하며 소독작용에 의해 세균으로부터 피부를 보호한다.

3) 항염화장수

항염화장수는 알란토인, 캄파, 글리세린, 칼라민 등 피부를 진정시키는 원료를 배합하여 안정제 역할을 겸한 수렴화장수로 피부가 벌레에 물렸을 때, 햇볕에 의해 화끈거릴 때 등에 사용하면 효과적이다. 냉장고에 보관하였다가 차게 해서 사용하면 항염효과가 더욱 크다.

05 로션(lotion)

피부는 피지막에 의해서 보호된다. 그런데 세안을 하게 되면 피지막이 손상되어 피부가 일시적으로 보호를 받지 못한다. 이때 수분과 피지를 보충하기 위해서 화장수와 로션을 이용하여 피지막 생성에 도움을 준다. 이때 화장수를 이용하여 충분한 수분을 보충하고 로션을 발라 유수분 밸런스를 조절하여 피부의 항상성을 유지시킨다.

로션은 화장수에 가까운 유동성으로 수분량은 60~80%, 유분량은 30% 이하에 보습제, 계면활성제를 주성분으로 하는 O/W형의 유화제로 점성은 낮지만, 퍼짐성이 우수하고 흡수력이 좋으며 감촉도 산뜻하다. 또한 로션은 유분의 함량에 따라 화장수에 가까운 로션과 모이스처 로션, 밀크로션, 에몰리엔트 로션 등 종류가 다양하고 우리의 피부도 피부타입이 다양하므로 로션을 선택할 때 본인의 피부타입에 적합한 로션을 선택하여야 한다.

06 크림(cream)

세안을 하고 나면 일시적으로 피부를 보호하는 보호막이 손실되어 피부의 당김을 느끼게 된다. 이때 손실된 천연 보호막을 인공적으로 보충해서 피부를 촉촉하게 하고 외부의 자극으로부터 보호하기 위해서 사용하는 것이다.

크림은 같은 유형의 로션과 비교하면 점도가 높아 매우 안정적이며 수분과 유분 그리고 보습제를 다량으로 첨가하여 배합할 수 있어 피부의 모이스처 밸런스와 유연, 보습의 기능을 가질 수 있다. 또한 크림은 피부의 보호막을 형성하여 외부의 환경으로부터 피부를 보호하고, 피부의 생리기능에 도움을 주며, 피부에 나타나는 문제점을 크림의 유효성분들이 보완 개선시켜 준다. 따라서 본인의 피부타입과 제품을 사용하는 목적을 정확히 파악하여 적절한 제품을 선택하는 것이 매우 중요하다.

크림의 종류로는 데이크림(day cream), 나이트크림(night cream), 영양크림(nourishing cream) 등이 있다. 데이크림은 오전에 사용하는 크림으로 자외선으로부터의 자극, 외부 환경의 자극, 공해, 온도, 습도 등으로부터 피부를 보호하기 위해서 사용하는 제품으로 배합된 성분은 다양하다. 따라서 자신의 피부타입을 정확히 파악하고 본인에게 맞는 원료가 함유된 제품을 선택하는 것이 중요하다. 반면 나이트크림은 유분이 다량 함유되어 있는 일반적인 영양크림을 나이트크림으로 사용한다. 그러나 데이크림과 마찬가지로 크림에 함유된 성분과 효능에 따라 에몰리엔트 크림(emollient cream), 모이스처 크림(moisture cream), 화이트닝 크림(whitening cream) 등으로 나뉘고, 사용부위에 따라 아이크림(eye cream), 핸드 크림(hand cream) 등으로 구분한다.

크림은 유분이 많은 상태로 피부에 장시간 도포되어 있으면 피부 트러블을 유발할 수도 있다. 특히 피부에 알레르기 반응을 일으키는 광물성 오일 또는 동물성 왁스는 주위를 기울여야 한다.

크림의 유분함량이 50% 이상이면 유성, 30~50%면 중유성, 10~30%는 약유성으로 구분한다. 따라서 유성크림은 유분함량이 많기 때문에 건성피부에 적합하며 에몰리엔트 크림, 클렌징 크림, 마사지 크림이 이에 속한다. 중유성 크림은 O/W형으로 중성피부에 적합하며, 핸드크림, 베이비 크림 등이 있다. 약유성 크림은 다른 크림보다 사용감이 가볍고 산뜻하여 지성피부에 효과적이며 모이스처 크림이 해당된다. 또한 피부가 얇고, 피지분비량이 적은 눈 주위에 바르는 아이크림도 약유성 크림을 사용해서 손끝으로 두드려 발라준다.

크림을 유화형태에 따라 분류하면 크게 O/W형과 W/O형으로 나눌 수 있다. O/W형 크림은 물속에 오일을 넣은 수중유형이라 시원하고 촉촉하며 보습성이 좋으나 수분손실이 빠르고, 지속성이 낮은 단점이 있다. 그러나 W/O형은 오일 속에 물을 넣은 유중수형이라 지속성이 좋다. 그러나 퍼짐성이 낮고 뻑뻑한 것이 단점이다. 이러한 단점을 개선한 실리콘 오일을 사용한 크림도 있다.

이러한 제품들의 피부 흡수도를 높이기 위해서는 묽은 제형인 토너, 에센스, 로션, 크림 등의 순서대로 바르는 것이 좋다.

07 에센스

피부에 필요한 유효성분을 고농축시켜 기능적인 능력을 부여시킨 제품으로 '미용액' 또는 '미용농축액'이라고 한다. 또한 혈청처럼 영양성분이 농축되었다는 뜻으로 에센스를 '세럼(serum)'이라고도 하고, 컨센트레이트(concentrate)는 '집중하다', '농축하다'의 의미로 농축된 화장품을 표현하는 용어이다. 따라서 에센스는 피부에 필요한 유효성분들을 농축시켜 보습, 노화, 미백 등의 기능을 부여시킨 화장품으로 피부의 생리대사를 돕고 노화를 지연시킬 수 있는 화장품이다.

에센스는 스킨타입, 로션타입, 크림타입, 젤타입으로 나누며, 이중 보습제의 함유량이 가장 많은 스킨타입이 보편적으로 사용되고 있다.

08 팩

1) 팩의 정의

팩은 '싸다', '포장하다'의 의미로 팩 제품을 도포하면 일시적으로 외부의 공기와 차단되므로 피부의 신진대사가 촉진되어 영양공급을 용이하게 도와주고 피부의 노폐물을 제거해준다. 또한 피부표면의 수분증발을 막아 탄력 있고 촉촉한 피부가 된다.
일반적으로 사용하는 팩은 얼굴에 도포 후 공기를 완전히 차단할 수 없으며 굳어지지 않는다. 그러나 마스크는 얼굴에 도포한 후 단단하게 굳어져 외부의 공기를 완전히 차단하고 유효성분을 침투시키며 피부의 수분증발을 억제하여 유연하게 만든다. 이것은 팩과 마스크의 방법적 차이라 할 수 있다.

2) 팩의 효과

피부의 기능과 혈액순환을 활발하게 하고 노폐물과 각질을 제거하며 부족한 영양분을 보충하여 건강한 피부를 만든다. 일반적으로 팩은 얼굴에 적당한 두께로 고르게 바른 뒤 일정시간방치 후 건조되면 제거한다. 이때 건조하는 과정에서 적당한 피부의 긴장감과 영양분의 흡수를 용이하게 한다. 따라서 팩은 피부노화를 지연시켜 주름을 예방한다.

3) 팩의 종류

종류	내용
영양팩	• 피부가 거칠거나 트고 건조할 때 사용하는 팩 • 난황, 올리브유, 우유, 꿀 등
미백팩	• 피부에 색소의 작용에 의해서 칙칙해진 피부를 개선할 때 사용하는 팩 • 야채, 살구씨, 오이, 과일 등
수렴팩	• 땀과 피지 분비를 억제하기 위해서 사용하는 팩 • 머드류 등
왁스팩	• 노화피부, 탄력 감소 피부에 사용하는 팩 • 난황, 콩가루, 왁스, 야쿠르트 등
진정, 보습팩	• 피부가 붉어지거나 예민 반응을 보일 때 진정시키고, 수분을 공급할 때 사용하는 팩 • 율무, 녹두, 과즙, 녹차, 야채 등

4) 사용방법에 따른 분류

방법	내용
필 오프 타입	• 팩을 도포한 후 일정시간이 경과하면 아래에서 위로 떼어내는 타입 • 피지분비량이 많거나 지성피부, 칙칙하고 탄력이 없는 피부에 사용
워시 오프 타입	• 팩을 도포한 후 일정시간이 경과하면 물로 씻어내는 타입 • 민감성 피부에 사용
티슈 오프 타입	• 팩을 도포한 후 일정시간이 경과하면 티슈로 닦아내는 타입 • 사용감이 좋고, 짧은 시간에 팩을 원할 때 사용

5) 특수팩

(1) 석고 마스크

석고 가루를 물과 잘 섞어 바르면 열이 발생되는 팩으로 노화피부, 늘어진 피부, 영양공급이 필요한 피부에 효과적이다. 그러나 민감한 피부나 예민한 피부는 피하는 것이 좋다.

(2) 모델링 마스크

성분은 해초 추출물로 미백과 보습에 뛰어난 특수 팩이다. 알긴산, 미네랄, 비타민 성분이 노폐물을 제거하고 신진대사를 원활하게 하여 순환을 촉진하고 피지선의 기능이 활성화되어 염증성 피부에 적합하다. 또한 수분공급, 미백, 노폐물 제거, 혈액순환 촉진, 모공 수축, 피부탄력 증진 및 잔주름 예방 등에 효과적이다.

11

기능성화장품

REALSKIN

CHAPTER 11

기능성화장품

기능성화장품은 의약품과 화장품의 중간적인 특성을 가진 화장품으로 기존의 화장품의 목적이 피부의 안전성과 보습, 청결 유지라면, 기능성 화장품은 미백, 주름 개선, 자외선 차단, 각질관리 등 피부의 문제점을 해결하는 부분에서 차별화가 된다. 이러한 기능성 화장품의 기준이 2001년 9월 26일자로 기능성 화장품 등의 심사에 관한 규정이 제정되었고, 이를 바탕으로 기능성 화장품은 법적인 근거를 갖게 되었다.

화장품의 기본 요건은 안전성, 안정성, 사용성, 유효성이다. 안전성은 피부에 대한 자극이 없이 안전하다는 것이고, 안정성은 제품이 일정기간 동안 변질되거나 제형의 변화 없이 안정하다는 것이다. 그리고 사용성은 피부에 바를 때 잘 발라져서 사용하기에 편리하다는 의미이다. 그런데 유효성은 피부에 적절한 효능을 부여하는 것으로 기능성 화장품은 이러한 효능과 효과가 인정된 의약품적 성격과 피부에 대한 안전성을 동시에 가져야 하므로 기능성화장품은 안전성과 유효성이 매우 중요한 제품이다.

01 주름개선 화장품

1) 표피의 노화와 진피의 노화

표피층의 세포는 기저층의 각질형성세포에 의해서 형성되고 이는 상부로 올라오면서 각각의 층에서 기능을 수행하며 최상층인 각질층까지 올라오는 과정에서 무핵세포가 된다. 따라서 각질층을 구성하고 있는 모든 세포는 핵이 없다는 뜻이다. 이러한 각질층은 15~20층으로 쌓여 외부의 환경으로부터 피부를 보호하는 기능을 수행하지만 서서히 각질층 최상부로 올라오면 각화과정을 거쳐 피부에서 떨어져 나가게 된다. 이러한 과정은 28일 주기로 돌아간다. 이는 매우 정상적인 피부의 과정이다. 그런데 표피에 노화가 진행되면 기저층의 각질형성세포의 기능 저하로 각화주기가 길어지고 각질의 탈락이 어려워 각질층의 두께가 두꺼워 지면서 각질층은 칙칙하게 된다. 또한 생리적 대사가 원활하지 못해 진피 유두로부터 영양분 공급도 어려워지고 혈액순환도 둔화되어 각질형성세포의 기능이 떨어지고 표피의 두께는 얇아지며 피부가 건조하고 주름이 발생하는 표피 노화 현상이 나타난다. 진피층은 콜라겐과 엘라스틴의 파괴와 기능 손실로 탄력을 잃고 주름이 생기는 노화의 원인이 된다.

2) 내인성 노화와 광노화

노화는 나이가 들어가면서 내·외적 요인에 의해서 신체적인 기능과 구조가 자연적으로 퇴화되어 가는 과정이 나타난다. 피부 또한 다르지 않아 나이가 들어감에 따라 피부도 변화가 나타난다.

피부노화는 천연보습인자(NMF)의 구성요소인 아미노산의 함량이 감소하고, 각질세포간 지질인 세라마이트의 함량도 감소하여 피부의 보습력이 저하되고 건조해진다. 또한 진피층의 콜라겐과 엘라스틴의 합성능력이 감소하여 피부가 얇아지고 탄력이 저하되며 주름이 발생하게 된다. 이러한 내인성 노화를 촉진하는 원인은 외인성 노화의 원인인 자외선, 바람, 공해, 추위, 흡연 등이 영향을 미치기도 한다. 특히 오랜 시간 자외선에 노출되는 농부, 어부, 군인 등의 피부는 딱딱하고, 뻣뻣하며 깊은 주름을 형성하게 되는데 이러한 일광에 대한 조직학적 변화가 일어나는 현상을 광노화(photo aging)라 한다. 이렇게 외적 요인은 꾸준한 자극으로 인하여 내적 요인에 영향을 미치는 밀접한 관계 속에 있다.

여러 학자들이 발표한 노화에 대한 학설은 프리라디칼설(Free radical theory), 유전자 프로그램설(DNA program theory), 말단소립자설(Telomere theory), 교차결합설(Crosslink theory), 자가면역설(Autoimmune theory) 등이 있다.

생리적 노화와 광노화에 의한 피부변화 비교

구분	생리적 노화피부	광노화피부
진피층	얇아짐	두꺼워짐
모세혈관	• 모세혈관 확장증 없음 • 모세혈관망의 감소	• 모세혈관 확장증 • 모세혈관망의 확실한 감소 및 소멸
교원섬유와 탄력섬유	• 교원질과 탄력소의 감소와 변형 • 탄력섬유조직의 정상적 증식	• 교원질과 탄력소의 감소와 변형 • 탄력섬유조직의 불규칙적인 이상증식
표피전체층	얇아짐	두꺼워짐
각질층	• 변화가 없으나 사람에 따라 두꺼워질 수 있음	• 두꺼워짐
케라티노사이트	• 정상적 세포로 크기가 균일	• 세포의 이형화 또는 공포화 초래 • 피부암 발생 가능

생리적 노화와 광노화에 의한 피부변화 비교		
구분	생리적 노화피부	광노화피부
멜라노사이트	• 세포 수 감소 • 세포의 모양은 균일 • 멜라노좀의 생산이 불완전함	• 세포 수 증가 • 다양한 모양의 세포 • 멜라노좀의 생산이 증가
랑게르한스세포	• 세포 수 약간 감소 • 정상 세포	• 세포 수 명백히 감소 • 다양한 모양의 세포
표피–진피 경계부	• 편평화	• 변화가 뚜렷하지 않음

3) 주름발생의 원인과 과정

나이가 들어가면서 자연적인 신체변화 중 노화는 자연적으로 진행되는 자연노화와 햇볕으로부터 발생하는 광노화, 산화, 피부건조 등으로 노화가 진행되면 섬유아세포의 수와 기능이 감소하면서 콜라겐과 엘라스틴의 변성 및 감소가 일어나고, 세포들의 항산화 시스템의 손상으로 세포가 정상적인 활동이 어려워지며, 단백질 분해효소인 MMPs들이 증가하는 노화현상이 진행되면 케라티노사이트의 활동이 저하되고 피부의 NMF와 지질이 감소하며 피부의 결합력이 떨어지고 외부로부터 보호능력도 떨어져 표피에 위축 증상이 일어나면 탄력이 떨어지고 주름이 발생한다. 이러한 과정은 표피와 진피의 경계를 무너뜨려 피부를 변성시키는 결과를 가져오게 된다.

4) 주름개선 화장품의 작용원리

섬유아세포는 주름과 밀접한 관계를 가지고 있다. 섬유아세포에 문제가 생기면 콜라겐 합성이 적어지고, 이로 인해 외부의 유해환경으로부터 방어력이 약화되어 주름 생성을 촉진하게 된다. 따라서 주름 개선을 하는 기능성 화장품에 사용하는 주성분은 섬유아세포의 성장과 활성을 촉진하는 물질, 콜라겐 합성을 촉진하는 물질, 활성산소와 프리라디칼을 제거하는 물질 등으로 대표적인 물질은 레티노이드(retinoid)이다.

레티노이드는 천연물에서 유래된 비타민 A 또는 합성 비타민 A군을 총칭하는 것으로 레티놀, 레티노산, 레틴알데히드 등이 이에 속한다. 이들은 피부세포를 정상화하여 세포분화를 촉진하고, 콜라겐과 엘라스틴의 생합성을 촉진하여 주름을 감소시키고 피부의 탄력을 증대시킨다.

5) 주름개선화장품의 성분

(1) 레티놀(Retinol)

비타민 A의 유도체로 레티노산의 전구물질이다. 피부에 침투하면 레틴산으로 변화하여 콜라겐 생성 촉진, 표피 두께 증가, 케라티노사이트 증식 촉진, MMP 생성 억제, 히알루론산 생성 촉진, 진피 내 섬유 정상화로 주름을 개선시키고 탄력을 증대시킨다. 그러나 불안정한 성질이 있어 열, 빛, 공기에 의해 쉽게 파괴되는 단점이 있다. 따라서 레티놀을 함유한 제품은 자외선과 만나면 광과민 반응을 일으키므로 밤에만 사용하는 것을 권한다.

(2) 레티닐팔미테이트(Retinyl Palmitate)

레티놀의 불안정한 성질을 대신할 성분으로 레티놀보다 안정적이고, 안전성이 우수한 레티놀의 유도체인 레티닐팔미테이트를 이용한다. 그러나 흡수성이 떨어지는 단점이 있다. 레티닐팔미테이트는 피부에 흡수된 후 에스테라아제에 의해 분해되어 레티놀을 거쳐 레티노산으로 대사되어 효과를 발휘한다.

(3) 아데노신(Adenosine)

아데노신은 DNA 구성 요소이며, 세포에 존재하는 성분으로 피부에 친화력이 우수하여 침투력이 좋다. 이는 세포의 DNA 합성을 촉진하고, 단백질 합성을 증가시키며 진피세포의 파괴와 노화로 인한 주름 형성을 개선시켜 준다. 또한 레티놀의 단점을 보완하여 밤낮 구분 없이 사용이 가능하고, 피부에 자극이 적고 안정적이다.

(4) 폴리에톡실레이티드레틴아마이드(Polyethoxylated Retinamide)

비타민 A 유도체이며, 레티놀의 외부환경에 대한 안정성과 흡수율에 대한 단점을 보완한 원료로 메디민 A라 한다. 이는 젤 타입이며, 안정성과 흡수율을 높인 주름 개선 원료이다.

(5) 기타원료

① **코엔자임 Q10**(Coenzyme Q 10)

미토콘드리아의 세포벽에 존재하는 조효소로 에너지 신진대사에 중요한 역할을 한다. 또한 활성산소를 제거하는 항산화제 역할을 한다.

코엔자임 Q10은 노화 억제와 주름 개선의 효능이 입증되었다. 그러나 외부환경에 대해서는 불안정한 상태이다.

② **올레올릭산**(Oleanolic Acid)

트리터페노이드 계열의 성분인 오레올릭산은 로즈마리, 월귤, 라벤더, 정향 등의 식물에 함유되어 있으며 항암, 항염, 항바이러스 등의 효과가 있다. 주름을 완화시키는 효능으로는 세라마이드 합성 촉진, 프로콜라겐 합성 증가, 필라그린 합성을 촉진하는 것으로 알려져 있다.

02 미백기능성 화장품

멜라닌, 케라틴, 헤모글로빈은 인간의 피부색을 결정하는 대표적인 요소이다. 멜라닌세포는 자외선으로부터 피부를 보호하기 위해 피부에 꼭 필요한 인자로 자외선의 유해성에 의해 멜라닌의 반응이 활발해지고 있다. 그런데 자외선에 의해 멜라닌의 활동이 활발해지면 피부과색소침착인 기미, 주근깨의 원인이 되고, 색소침착이 나타난다.
과색소침착의 원인은 자외선의 자극을 받은 멜라닌세포 속의 아미노산의 일종인 티로신(tyrosine)이 효소인 티로시나아제(tyrosinase)의 영향을 받아 산화되면 도파(dihydroxy phenylalanine, DOPA)로 변하고, 다시 도파가 산화되어 도파퀴논(DOPA quinone)으로 바뀐 후 다시 산화하여 멜라닌을 형성한다. 이때 도파퀴논이 자동 산화되어 만들어내는 흑갈색의 멜라닌은 유멜라닌(eumelanin)이고, 도파퀴논이 시스테인(cysteine)을 만나면 시스테이닐도파(cysteinyl DOPA)가 형성되어 적갈색의 페오멜라닌(pheomelanin)이 형성된다. 이렇게 만들어진 멜라닌은 이동수단인 멜라노좀(melanosome)에 실려 각질형성세포로 전달된다.

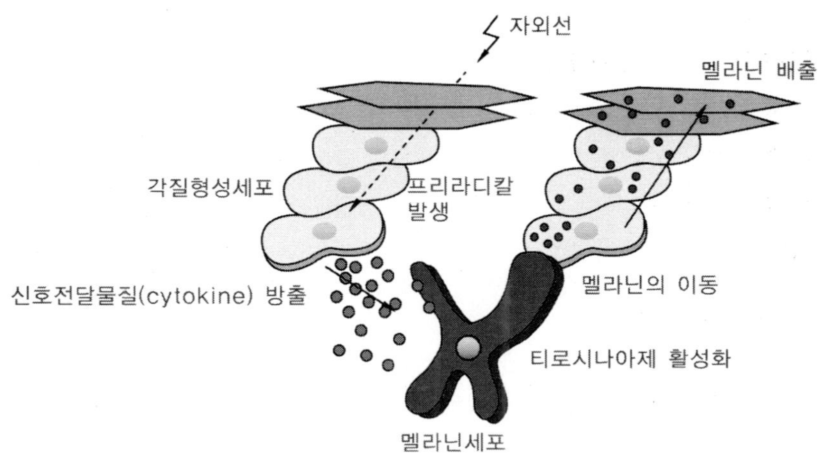

멜라닌 색소는 각질형성세포(keratinocyte)로 이동되어 각질형성세포의 이동 경로에 따라 기저층에서 각질층까지 점차 피부의 바깥쪽으로 이동 후 자연스러운 각화과정을 거친다. 이렇게 정상적인 과정을 거치면 색소침착에 대한 문제는 일어나지 않는다. 그런데 스트레스에 의해 호르몬의 자극을 받거나, 각화과정이 정상적이지 못하거나, 외적요인에 의해 티로신의 산화반응이 촉진되는 경우에는 피부에 색소침착 또는 피부색이 변화하게 된다. 이러한 산화반응을 다시 환원시켜 본래의 피부색으로 돌아올 수 있도록 하는 제품을 미백 기능성 제품이라 한다.

1) 미백화장품의 작용

미백화장품은 자외선에 의한 기미, 주근깨 등의 과색소침착을 완화시키고 또 다른 멜라닌세포의 기전을 차단하여 멜라닌의 발생을 억제하기 위한 제품이다.
피부색을 결정하는데도 중요한 역할을 하지만 피부의 과색소침착을 일으키는데도 주요원인인 멜라닌세포의 발현기전을 어디서 억제하고 저해하느냐에 따른 조절능력이 멜라닌의 양을 줄일 수 있고, 또한 이미 형성된 멜라닌을 환원시켜 각질의 박리작용을 이용하여 외부로 배출시키는 방법을 이용한 것이 미백화장품의 작용원리이다.

(1) 자외선 차단

멜라닌세포는 햇볕을 받으면 자극을 받아 멜라닌을 생성시킨다. 멜라닌의 생성량이 많아지면 피부에 기미, 주근깨 등이 발생된다. 그러므로 자외선을 차단하여 멜라닌세포의 자극을 최소화하는 것이 과색소침착을 예방할 수 있다. 자외선을 차단하기 위해서는 기본적으로 자외선차단제를 바르거나 모자, 양산, 선글라스 등을 이용하는 것도 하나의 방법이다.

(2) 티로시나아제의 활성 억제

멜라닌 생성에 최초 원인이 되는 티로신은 티로시나아제 효소의 영향을 받아 멜라닌의 반응을 시작하기 때문에 티로시나아제의 활성을 억제하여 멜라닌생성을 저해한다. 이때 티로시나아제의 활성을 억제하는 미백화장품 원료로는 알부틴, 코직산, 감초 추출물, 닥나무 추출물 등이 있다.

(3) 멜라닌 환원

멜라닌 생성과정은 티로신 → 티로시나아제 → 도파 → 도파퀴논 → 멜라닌으로 이루어진다. 이러한 생성과정에서 비타민 C와 글루타치온(glutathione) 등은 도파퀴논을 도파로 환원시켜 멜라닌의 생성과정을 저해하여 과색소침착을 예방한다. 또한 과색소침착은 활성산소에 의해서도 발생하는데 비타민 C는 강력한 항산화제로 과색소침착을 예방할 수 있다.

(4) 박리촉진

각질층이 정상적으로 각화되지 못하고 각질세포가 과각화되면 각질세포 속에 함께 있는 멜라닌도 박리되지 못하고 피부에 침착되어 색소침착을 일으킬 수 있다. 그러므로 각질층의 각화주기를 촉진시켜 각질층에 함유된 멜라닌도 함께 제거한다.

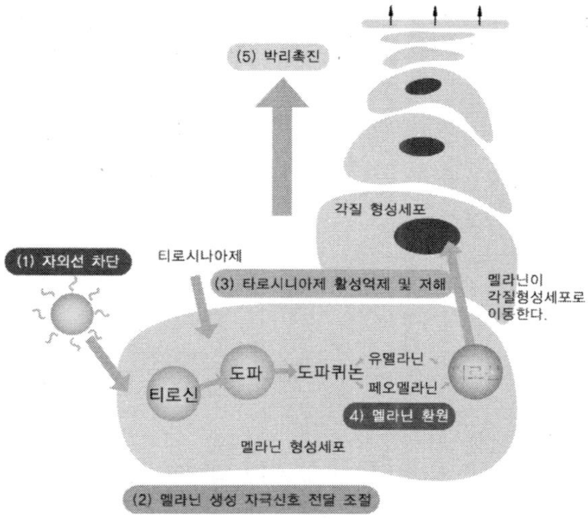

2) 미백화장품의 주요 성분

현재 식약청에 고시된 미백기능성화장품의 원료는 닥나무 추출물, 에틸아스코빌에텔, 알부틴, 감초추출물, 마그네슘아스코빌포스페이트, 나이아신아마이드, 알파-비사보롤 등 9종이 있다.

(1) 닥나무 추출물(Mulberry extracts)

뽕나무 식물로서 닥나무를 이용하여 한지를 만드는 장인의 손이 유난히 흰 것을 보고 개발되었다. 닥나무 추출물은 티로시나아제 활성을 저해한다.

(2) 알부틴(Arbutin)

월귤나무와 배나무 잎에서 추출하며 티로시나아제의 활성을 저해한다. 피부에 안전하고 안정성도 우수하지만 피부투과도가 낮아 효과가 미비한 것이 단점이다.

(3) 비타민 C(Ascorbic acid)유도체

비타민 C는 감귤, 양배추, 레몬, 감자 등에서 추출하며, 항산화제 및 미백제로 사용하나, 안전성은 좋지만 안정성이 떨어져 수용액에서 산화가 이루어져 갈변현상이 일어나고 피부 투과가 어려워 각종 유도체와 함께 사용한다.

(4) 나이아신아마이드(Niacinamide)

니코틴아마이드라고도 하는 수용성 비타민 B_3이다.

멜라노사이트에서 형성된 멜라닌을 멜라노좀에 의해서 케라티노사이트로 이동시키는데 이때 나이아신아마이드는 멜라노사이트에서 케라티노사이트로 이동하는 멜라닌을 감소시키는 기능을 담당한다.

(5) 알파-비사보롤

칸데이아 나무의 가지와 잎에서 추출한 에센셜오일로 멜라닌의 합성 자체를 저해하는 물질이다.

(6) 코직산

곰팡이류의 신진대사 부산물로 사상균의 발효액 중에서 생산되며, 티로신과 티로시나아제의 결합을 억제하여 멜라닌생성을 저해한다. 또한 자외선에 의한 염증을 억제할 뿐만 아니라 염증 후 색소침착에도 효과가 있으나 공기 중에서는 매우 불안정하며 피부에 자극이 있다는 것이 단점이다.

(7) AHA(Alpha Hydroxy Acid)

AHA의 주성분인 젖산, 글리콜산, 사과산, 주석산 등 중에 젖산과 주석산은 소포체에서 생산되어 케라틴세포를 접착시켜 주는 데스모좀을 분해하여 접착을 약화시켜 각질층의 각화주기를 촉진시킨다. 또한 사탕수수에서 유도된 글리콜산은 표피의 접착력을 약화시킬 뿐만 아니라 표피세포의 증식을 활성화시키는데 효과가 있다.

(8) 리놀레산(Linoleic acid)

티로시나아제의 분해를 촉진한다. 그러나 불안정한 단점을 가지고 있다.

03 자외선 차단 화장품

1) 태양광선

태양광선은 태양으로부터 나오는 전자기파로 파장이 다른 전자파를 방출한다. 이때 방출되는 파장의 길이에 따라 각기 다른 영향을 미친다. 전자파의 파장은 나노미터(nanometer, 10억 분의 1m)로 표시하여 nm라 표기한다.

태양광선은 인간을 비롯한 지구상에 존재하는 모든 생명체의 신진대사 과정에 관여하며 생명체의 생명을 유지하는데 꼭 필요한 광선으로 파장이 짧을수록 에너지는 강하다.

태양광선은 파장에 따라 가시광선, 적외선, 자외선으로 분류한다.

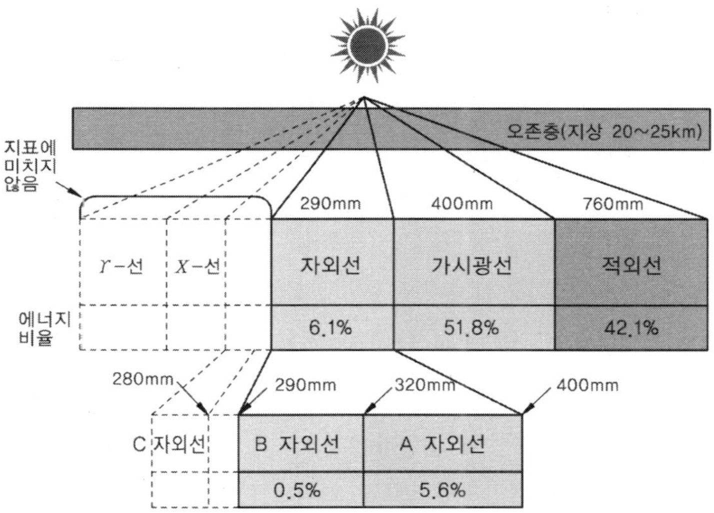

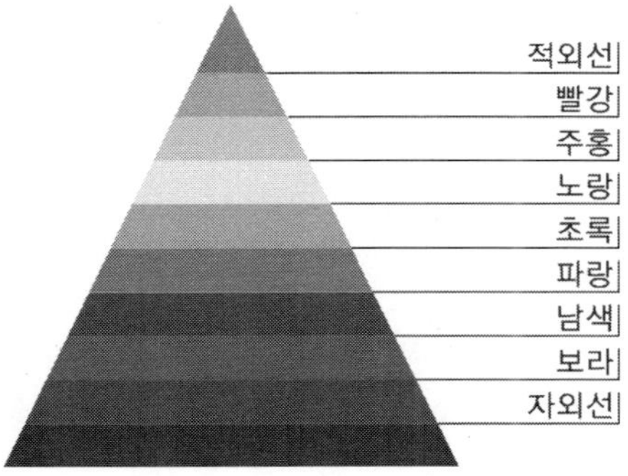

(1) 가시광선(Visible light)

400~800nm의 중파장으로, 육안으로 밝기를 느낄 수 있는 파장의 광선이다. 태양광선 중 약 39%를 차지하는 광선으로 눈의 망막을 자극하여 밝고 어두움을 구분하는 광선이다. 가시광선은 빨, 주, 노, 초, 파, 남, 보의 무지개로 확인할 수 있다.

(2) 적외선(Infrared light)

800~1,000nm의 파장으로, 가시광선의 빨간빛의 바깥쪽 파장이다. 태양광선 중 약 60%를 차지하며, 피부에 자극 없이 열을 발생하는 붉은색 열선이라고 불린다. 피부 침투력이 우수하여 피부의 심부까지 영양을 미쳐 신진대사와 혈액순환을 촉진하고 근육을 이완하는 등의 역할을 한다.

(3) 자외선(Ultraviolet light)

200~400nm 이하의 단파장으로, 태양광선 중 방사량이 약 5%에 지나지만, 피부의 진피층 까지 약 1% 정도가 도달한다.

자외선은 계절, 지형, 날씨, 시간에 따라 강도가 달라지며 하루 중 오전 10시~오후 2시까지 자외선이 가장 강하고, 가장 강한 달은 6~8월, 가장 약한 달은 12~1월로 피부에 영향을 미치고, 살균력도 강하다.

자외선은 표피의 과립층에서 프로비타민 D를 비타민 D로 전환시켜 칼슘과 인의 대사에 관여하고 뼈의 성장과 발육을 돕고, 구루병을 예방한다.

자외선은 면역력을 강화시키고, 피부병과 여드름 치료에도 효과적이나 자외선에 장기적으로 노출되면 홍반, 색소침착, 일광화상, 광노화, 광알레르기 등을 유발할 뿐만 아니라, 피부암, 백내장 등 인체에 치명적인 손상을 입히기도 한다.

자외선은 진피까지 침투하는 UVA, 진피층 상부까지 침투하는 UVB, 표피층까지 침투하는 UVC의 3가지 자외선으로 나뉜다.

① 자외선 A(장파장) : 320~400nm

자외선 A는 가장 긴 파장으로 피부의 진피층까지 침투한다. 파장은 약하지만 피부 깊숙이 침투하여 진피층의 교원섬유와 탄력섬유의 변성을 일으켜 주름을 형성하고 피부의 탄력성을 감소시키며, 피부위축현상, 일광탄력섬유증 유발, 색소침착을 유도하는 일상생활에서 쉽게 접할 수 있는 생활자외선이다. 또한 기저층의 멜라닌세포를 자극하여 멜라닌 형성으로 인한 색소침착을 일으키고, 세포를 손상시켜 광알레르기, 광독성반응을 일으켜 노화를 촉진시킨다.

② 자외선 B(중파장) : 290~320nm

유리창에 의하여 일부 차단이 가능하며, 표피의 기저층 및 진피 상부까지 도달하는 파장으로 비타민 D의 합성을 유도하는데 중요한 역할을 한다. 자외선 B에 장시간 노출되면 기미와 피부건조의 원인이 되며, 수포, 일광화상, 홍반 등을 유발한다. 또한 세포 내의 DNA, 세포막을 손상시키고, 효소의 활동을 저해하여 피부암을 유발하기도 한다.

③ **자외선 C(단파장) : 200~290nm**

과거에는 대기 중의 오존층에 완전히 흡수되어 지표면에 도달하지 않았으나, 최근에는 오존층의 파괴로 지구상의 생명체를 위협하고 있다.

자외선 C는 파장은 짧으나 홍반을 일으킬 수 있으며, 살균작용이 우수하여 바이러스, 박테리아 등 단세포성 조직을 살균하는 능력이 효과적이다.

자외선의 종류와 작용

자외선의 종류	침투깊이	작용
UVA(장파장) 320~400nm	진피까지 도달	• 즉시 색소침착 • 광독성, 광알레르기 반응 • 멜라노사이트 활동 촉진 • 진피의 탄력섬유와 교원섬유의 변성 유발 • 백내장 유발 • 피부노화 원인
UVB(중파장) 290~320nm	표피기저층 또는 진피상부까지 도달	• 비타민 D 합성 • 피부에 강한 자극 • 피부각화 가속화 • 홍반, 수포, 일광화상(급성반응) • 피부암 유발 • 콜라겐, 엘라스틴 변성 유발
UVC(단파장) 200~290nm	오존층에 일부 흡수, 각질층 상부	• 살균작용 • 소독작용

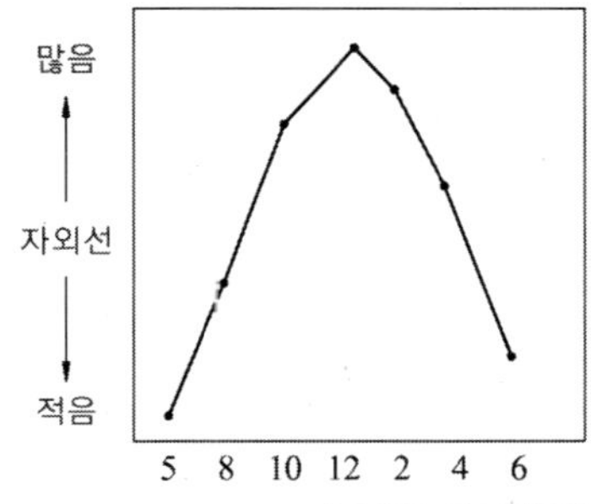

※ 자외선의 하루변동량

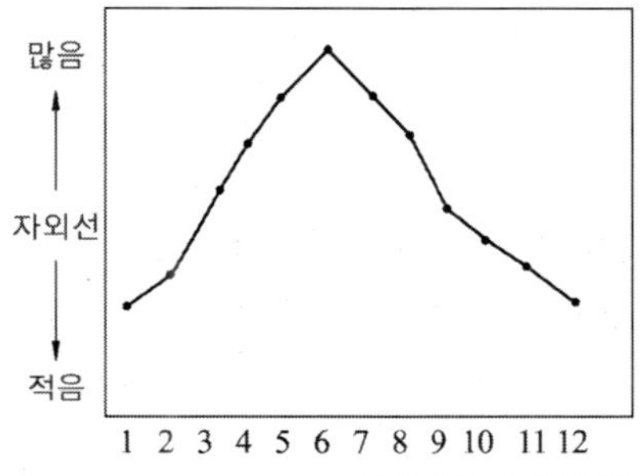

※ 자외선의 연간변동량

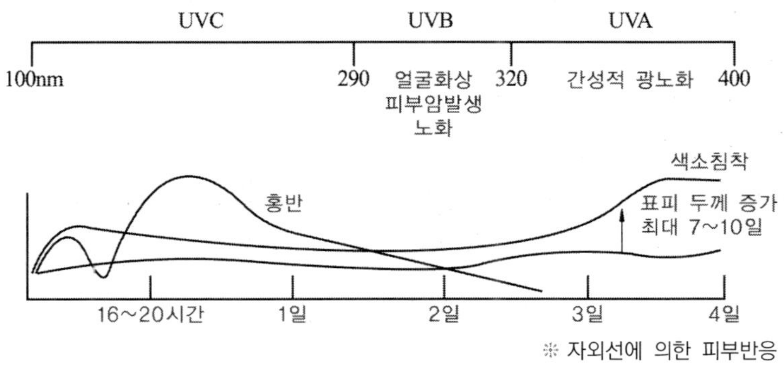

※ 자외선에 의한 피부반응

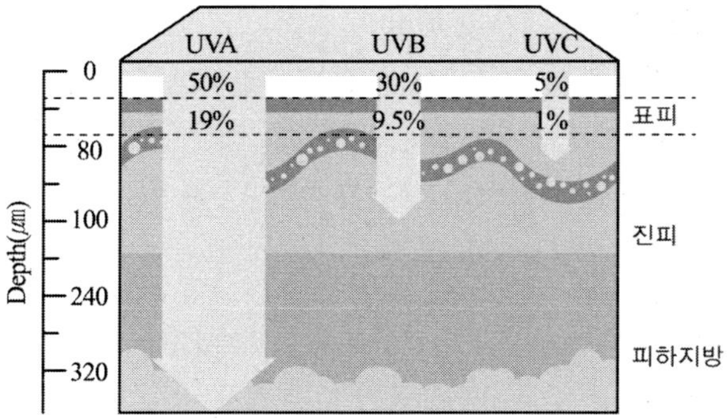

※ 피부에 대한 광의 투과성

2) 자외선에 의한 피부반응

태양광선은 인간을 비롯한 지구상에 존재하는 모든 생명체를 유지하고 세균을 살균하는 데 꼭 필요한 역할을 한다. 이러한 자외선이 피부로 흡수되면 비타민 D를 합성하여 칼슘과 인의 대사를 돕고 구루병을 예방하며, 노폐물 제거와 신진대사를 원활히 해주고 혈액순환 촉진 및 살균작용과 소독효과를 가진다. 그러나 피부가 자외선에 장시간 노출되면 각질화가 가속화 되어 피부노화가 빨라지고 탄력성이 떨어진다. 자외선 A, B의 광노화로 인한 피부반응은 피부가 두꺼워지고 색소침착과 주름이 발생한다. 또한 부종과 홍반반응, 색소침착(pigmentation), 일광화상(sunburn), 피부암(skin cancer), 광노화(photo aging) 등이 유발된다.

(1) 홍반

홍반은 피부가 자외선에 의해 붉어지는 일시적인 현상으로 즉시홍반과 지연홍반으로 나뉜다. 홍반은 주로 얼굴, 손등, 목 등에 생긴다. 즉시홍반은 자외선이 혈관벽에 작용하여 나타나는 것으로 일시적으로 즉시 나타났다가 없어진다. 즉 자외선이 각질형성세포에서 분비하는 히스타민 등의 혈관확장물질에 의해 혈관을 확장시키고 혈관벽의 투과력을 증가시켜 나타나는 것이다. 지연홍반은 자외선 조사 30분에서 4~5시간 이후에 나타나며 1~2일간 지속된다.

(2) 일광화상

신체가 자외선에 과도하게 노출되면 발생하는 질환으로 피부가 간지럽고 붉어지며, 화끈거리고 따가움을 느끼면서 물집이 생기는 현상이다. 주로 자외선 A, B에 의해서 나타나고, 일광화상은 4~6시간이 지난 다음에 발생한다.

일광화상 관리법에는 예방이 중요하다. 이미 병변이 나타나면 치료가 어렵기 때문이다. 따라서 자외선 차단제를 이용한 예방을 목적으로 하고, 일광화상이 발생하면 냉찜질 또는 피부진정을 시켜주고 피부손상을 예방한다.

(3) 색소침착

자외선이 멜라닌세포를 자극하여 멜라닌의 양을 증가시켜 특정부위에 피부색을 변화시키는 것으로 즉시색소침착과 지연색소침착으로 나뉜다.

즉시색소침착은 자외선 A에 피부가 노출된 후 멜라닌이 산화되고 멜라노좀이 수지상 돌기를 통해 기저세포로 이동하면서 나타나는 현상으로 몇 분 내에 색소침착이 일어나고 1~2시간 후에 최고조에 이른다.

지연색소침착은 자외선 A, B, C에 의해서 나타나지만 주로 비타민 B의 영향이 크다. 즉시색소침착에 비해 색소침착이 늦게 발생하지만 멜라닌이 각질형성세포의 전층에 증가하기 때문에 오래 지속된다.

(4) 광과민증

햇빛에 피부가 민감하게 반응하는 증상으로 자외선을 조사하면 피부가 붉게 부어오르고, 따끔거리며, 소양감이 나타나는 현상으로 얼굴과 목에 걸쳐 홍반과 두드러기가 나타난다. 예방법으로는 외출을 자제하여 일광노출을 피하는 것이 가장 좋으나 그럴 수 없다면 자외선의 강도가 가장 강한 시간대를 피하거나 양산, 선글라스를 이용하는 것도 하나의 방법이다. 또한 햇빛과 작용하여 병증을 일으키는 정신안정제, 강압이뇨제 등과 인공감미료인 설파민 등은 주의해서 복용한다.

(5) 광노화

자외선 A, B에 과다하게 노출되면 진피층의 교원섬유와 탄력섬유가 손상되어 피부가 탄력을 잃고, 주름이 생기는 현상이 나타나며 초기에는 피부의 변화 반응이 나타나지 않지만 시간이 지날수록 피부 변화가 확연하게 나타난다. 광노화 현상으로는 각질층이 과각화되어 굵고 깊은 주름이 형성되고, 피부의 탄력은 저하되며, 색소침착 등의 현상이 나타난다.

3) 자외선 차단제

우리 피부는 항상 환경에 노출되어 있고, 계절과 날씨에 따라 노출범위가 달라진다. 또한 이러한 환경 속에서 자외선은 항상 공존하며 생명활동에 도움을 주기도 하지만, 유해한 반응을 일으키기도 한다. 그러므로 피부를 자외선으로부터 보호하는 최선의 방법은 자외선에 노출시키지 않는 방법이다. 그러나 일상생활에서 현실적으로 불가능하므로 양산, 옷, 선글라스, 모자, 파라솔 등을 이용하여 일정부분 피부를 보호한다. 그러나 얼굴, 손, 목, 두피 등은 이러한 방법으로도 보호가 어렵기 때문에 메이크업 또는 자외선 차단제를 사용하여 자외선과의 직접적 접촉을 피해야 한다.
자외선 차단제는 물리적 차단제와 화학적 차단제로 나뉜다.

(1) 물리적 차단제

피부 표면에서 자외선을 반사시키거나, 산란시켜 피부 내부로 자외선이 침투할 수 없도록 물리적으로 차단하는 방법이다.
물리적 차단제는 이산화티타늄(titanium dioxide), 산화아연(zinc oxide), 탈크(talc), 운모(mica), 전분, 카올린(kaolin) 등의 분말안료 성분을 이용하여 만들고, 미백제품과 색조화장품에도 이용된다.
자외선 차단제품을 선택할 때는 각 화장품 회사마다 조금씩 차이는 있지만 노출되는 시간과 장소, 계절 등을 고려하여 적절한 SPF지수 함유제품을 선택하고, 유효시간이 지나면 계속 덧발라주어야 한다.
제품은 외출 15분 전에 바르며, 상처부위, 피부질환 부위에는 바르지 않는다. 또한 땀이나 물에 의해서 닦였을 경우 피부를 깨끗이 정돈한 후 다시 바른다.
물리적 차단제를 도포하면 피부가 하얗게 되는 백탁현상과 번들거림이 일어나지만, 비교적 자극이 적어 민감한 피부도 피부트러블로부터 안전할 수 있다.

(2) 화학적 차단제

피부에 발랐을 때 자외선 차단제가 자외선을 흡수하여 열 또는 진동으로 전환시켜 피부 내부로 침투하지 못하도록 화학적으로 차단하는 방법이다.
자외선 A에 대한 화학적 차단제는 벤조페논(benzophenone)유도체와 메틸 안트라닐산염(methyl anthranilate) 등의 성분이 있다. 이 중 벤조페논은 부작용 위험성이 높아 사용하지 않는다.
자외선 B에 대한 화학적 차단제는 살리실산염(salicylate), 파라아미노벤조익산(para-amino benzoic acid) 유도체, 신나메이트(cinnamate) 등의 성분이 있다. 이 중 파라아미노벤조익산 유도체는 부작용 위험성이 높아 사용하지 않는다.
화학적 차단제는 백탁현상이 없고 발림성과 사용감은 좋으나, 자극적이라 민감한 피부나 건성피부에는 피부트러블을 유발할 수 있다.
SPF 차단지수가 낮은 차단제는 자외선 B의 화학적 차단제를 함유하고 있고, SPF 차단지수가 높은 차단제는 자외선 A, B의 화학적 차단제를 모두 함유하고 있다.

자외선 차단제와 흡수제의 종류	
자외선 차단제	자외선 흡수제
산화아연(Zine Oxid) 이산화티탄(Titanium Doxide) 탈크(Talc) 규산염(Silicate)	벤조페논(Benzophenone) 유도체 벤조사졸(Benzoxazole) 유도체 벤즈이미다졸(Benzimidazole) 유도체 캄파(Camphor) 유도체 디벤조일 메탄(Dibenzoyl Methane) 유도체 파라아미노벤조산(Para-amino Benzoic Acid) 유도체 파라메톡시신남산(Paramethoxy Cinnamic Acid) 유도체 신남산(Cinnamic Aicd) 유도체 갈릭산(Galic Acid) 유도체

4) 자외선 차단지수(Sun Protection Factor, SPF)

SPF는 자외선 B의 차단 정도를 나타내는 수치로, 차단제를 피부에 도포하였을 때 피부를 자외선으로부터 보호할 수 있는 정도를 수치로 나타낸 것이다. SPF는 1950년 이후 유럽에서 처음 사용되었고, 현재 FDA에 규정되어 있다. SPF 산출 공식은 다음과 같다.

$$SPF = \frac{\text{자외선 차단제품을 바르고 홍반이 나타날 때까지 걸린 시간}}{\text{자외선 차단제품을 바르지 않고 홍반이 나타날 때까지 걸린 시간}}$$

5) 태닝 화장품

과거 최고의 미인의 조건 중에는 백옥같이 하얀 피부가 있었다. 그러나 미인의 조건이 점점 변화하여 최근의 미인의 조건은 구릿빛의 건강하고 탄력 있는 피부로 변화하였다. 과거에는 여름 휴가철에 구릿빛 피부를 만들기 위해 해변의 모래사장에 누워 자연 태닝을 즐기는 사람이 많았으나 과학기술이 발전하면서 계절에 관계없이 인공 태닝을 즐길 수 있게 되었다. 그러나 이에 따른 부작용도 만만치 않다. 따라서 태닝 후에 적절한 사후 관리가 이루어져야 건강하고 탄력 있는 피부를 유지할 수 있다.

(1) 태닝 화장품

태닝은 아름다운 갈색이 얼룩지지 않게 피부를 예쁘게 태워서 건강한 피부의 분위기를 연출하기 위한 작업이다. 태닝 화장품은 피부에 손상이 없는 범위에서 자외선을 이용하여 피부의 멜라닌의 양을 늘려주어 건강하고 아름다운 피부를 표현하는 방법이다. 따라서 태닝 화장품은 태닝에 효과적인 자외선을 조사받는 것이 좋다. 자외선차단제는 자외선 A, B를 차단하는 제품으로 피부노화, 색소침착 등을 예방하기 위해서 사용하는 제품이라면, 태닝제품은 일광화상, 피부암, 색소침착 등의 문제를 유발하는 자외선 B를 차단하고, 자외선 A를 피부에 적당량 조사하여 얼룩지지 않고 아름다운 갈색 피부를 연출한다. 일반적인 태닝 제품은 피부의 건조를 예방하기 위하여 오일과 밀크타입으로 구성되어 있다.

(2) 셀프태닝 제품

태닝은 자외선을 조사해야 발생한다면, 셀프태닝은 자외선을 조사하지 않고도 색소침착의 효과로 갈색피부를 연출할 수 있는 제품으로 피부손실 없이 각질층의 상부만 갈색으로 변화시키는 화장품이다. 케라틴 단백질의 아미노산과 반응하는 디하이드록시아세톤(Dihydroxyacetone, DHA) 성분이 피부표면을 갈색으로 변화시킨다. 이때 멜라닌세포와는 관계없이 표피의 각질층 색상만 변화하기 때문에 다시 도포하지 않으면 피부의 원래 상태로 돌아온다.

(3) 애프터 선 수딩 제품

피부가 자외선에 노출되면 자극을 받게 되는데 이때 피부를 방치하게 되면 또 다른 손상이 올 수 있으므로 이를 예방하기 위해 피부에 도포하여 피부를 진정시키는 제품이다. 자외선 차단 제품처럼 기능성 제품은 아니지만 자외선에 의한 일광화상에 대한 진정작용으로 충분한 효과를 보인다. 주원료로는 알로에 또는 피부진정효과가 있는 에센셜 오일 성분들을 많이 사용한다. 젤 또는 미스트 타입으로 청량감을 부여하고 사용이 간편하다.

12

피부관리 실습 (Face)

R E A L S K I N

CHAPTER 12

피부관리 실습(Face)

01 클렌징 순서

1) 포인트 메이크업 클렌징

색조화장을 클렌징 할 때는 포인트 메이크업을 먼저 제거한 후 얼굴 전체를 클렌징한다. 눈가와 입 주위는 피부가 다른 부위보다 민감하여 자극적이지 않게 제거하는 것이 중요하며, 립스틱, 마스카라 등의 포인트 메이크업 제품들이 일반적인 클렌징 제품으로는 잘 제거되지 않기 때문에 전용 리무버를 사용하는 것이 좋다.

01 화장솜에 립&아이 리무버를 충분히 적셔 눈과 입술을 덮은 뒤 1분 정도 기다린다.

02 눈앞머리 쪽에서 눈꼬리 방향으로 닦아낸 후 화장솜을 뒤집어서 중지에 끼우고 눈썹, 아이라인, 섀도 등을 닦아낸다.

03 마스카라는 눈 밑에 화장솜을 깔고 면봉을 이용해서 위에서 아래로 닦아낸 후 깨끗한 화장솜으로 다시 닦아낸다.

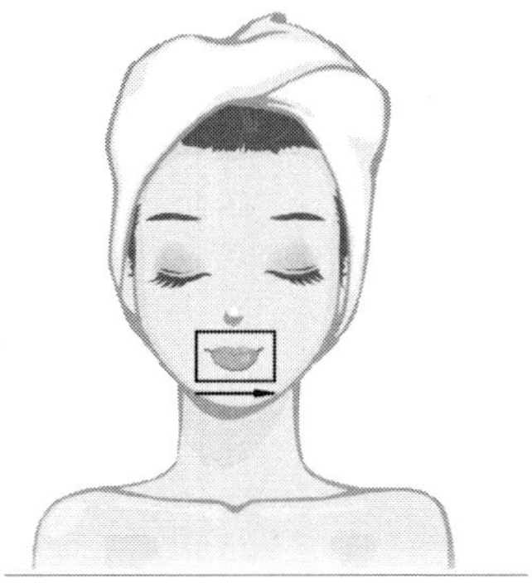

04 입술에 덮여있는 화장솜을 왼쪽에서 오른쪽으로 닦아낸다.

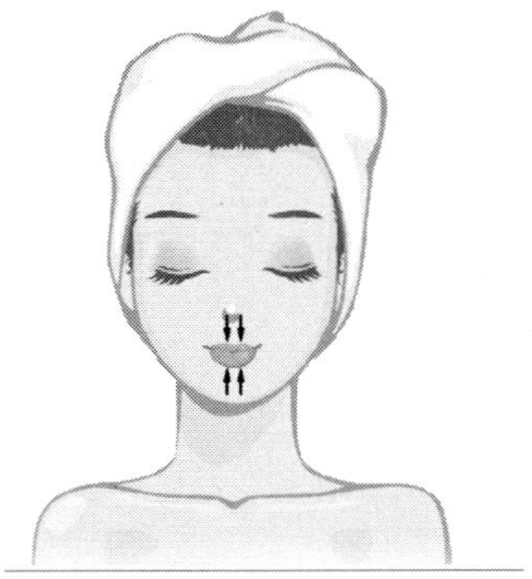

05 화장솜을 중지에 끼우고 윗입술은 위에서 아래로, 아랫입술은 아래에서 위로 닦아준다.

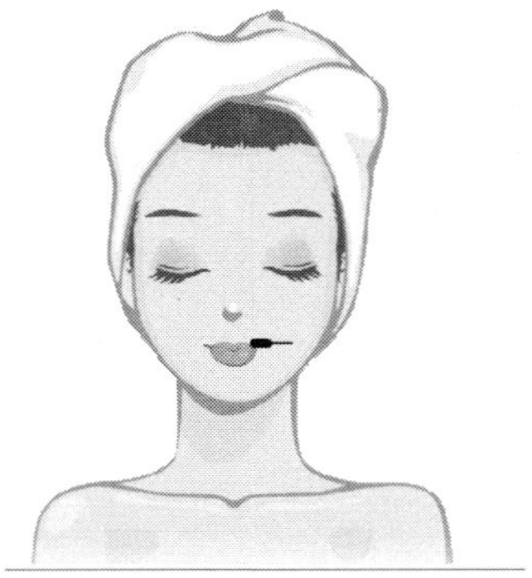

06 입술의 세로주름 사이사이는 면봉을 이용해서 닦고, 다시 한 번 화장솜을 이용해서 닦아낸다.

2) 클렌징

클렌징은 피부를 관리하는 과정에서 매우 중요한 역할을 한다.

피부표면에 더러움 또는 오염물이 장시간 잔류하게 되면 여러 가지 피부 트러블을 유발시킬 수 있기 때문에 자신의 피부타입에 적합한 제품을 선택하여 피부표면의 오염물질들을 깨끗이 세척하는 첫 번째 과정이다. 따라서 포인트 메이크업을 제거한 후 피부타입에 적당한 제품을 선택하여 피부에 자극적이지 않은 범위 내에서 얼굴 전체를 클렌징한다.

(1) 클렌징 크림 도포

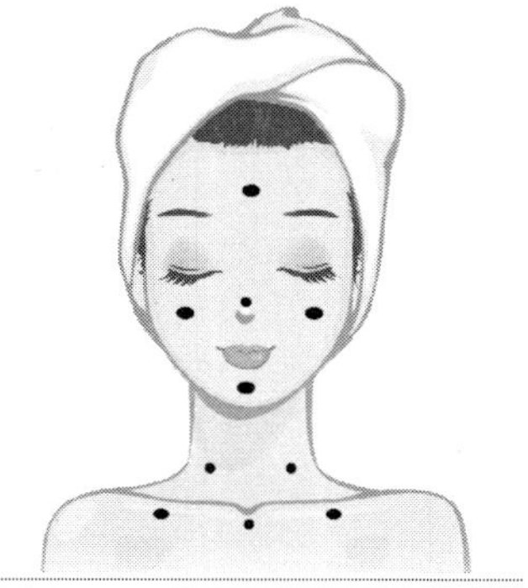

01 클렌징 제품을 적당량 손에 덜어 양볼, 이마, 코, 턱, 목, 데콜테에 살짝 찍어 놓고, 손바닥에 남은 제품은 살살 비벼서 녹인다.

02 데콜테 부위는 양손을 교대로 오른쪽에서 왼쪽 액와까지, 왼쪽에서 오른쪽 액와까지 쓸어주고 목도 쇄골에서 턱 쪽으로 쓸어 올려준다.

03 턱은 엄지와 중지 사이에 턱선을 넣고 왼쪽에서 오른쪽 턱 끝까지 양손 교대로 쓸어준다.

04 4지는 턱 중앙에 고정하고 양손 엄지를 이용해서 인중을 왼쪽에서 오른쪽, 오른쪽에서 왼쪽으로 가볍게 쓸어준다.

05 4지를 이용해서 볼 전체를 나선형으로 둥글게 굴려준다.

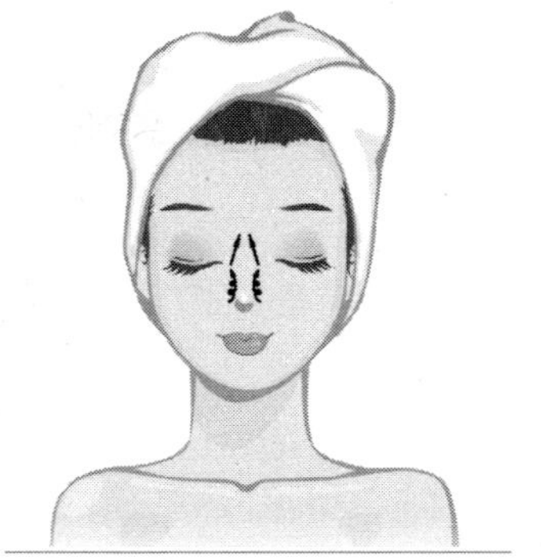

06 중지, 약지를 이용하여 양쪽 코벽을 나선형을 그리면서 올라와 미간은 쓸어 올려준다.

07 양손의 4지를 이용하여 이마를 나선형으로 그린다.

08 양쪽 관자놀이는 중지, 약지를 이용하여 8자로 그려준다.

09 4지를 이용하여 눈꺼풀은 위에서 아래로 둥글게 굴려준다.

(2) 클렌징

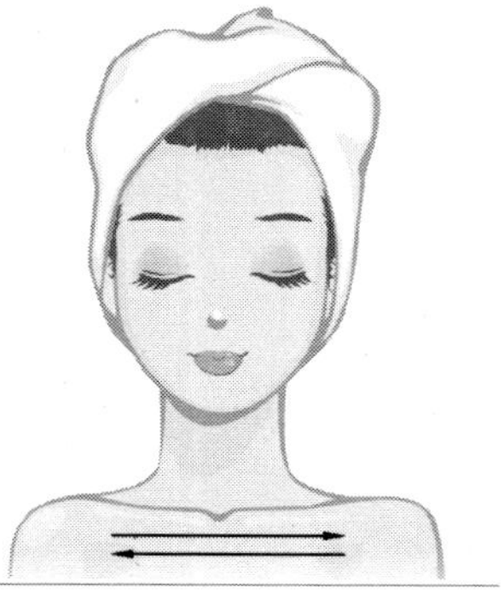

01 양손바닥으로 데콜테 왼쪽에서 오른쪽까지 교대로 밀어준다.

02 양손 4지로 데콜테 중앙에서 어깨쪽으로 나선형을 그려준다.

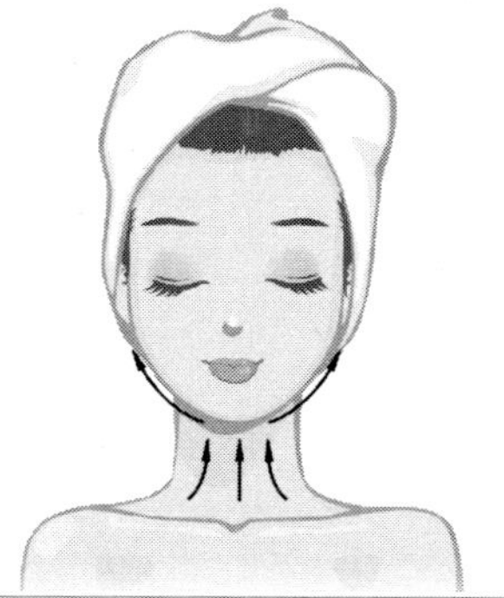

03 양손바닥으로 쇄골에서 턱 방향으로 교대로 쓸어 올린 후 턱선은 엄지와 검지 사이에 넣고 왼쪽 귀 끝에서 오른쪽 귀 끝까지 쓸어준다.

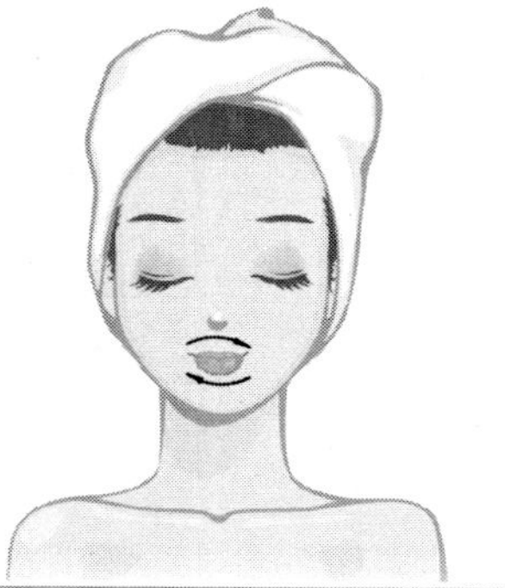

04 양손의 4지는 턱 중앙에 위치하고 엄지를 이용하여 입술 주위를 교대로 쓸어준다.

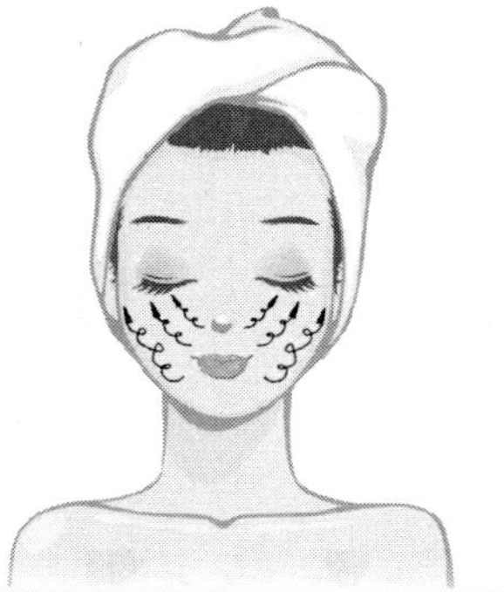

05 양손의 4지로 턱 중앙에서 귀 뒤, 입 꼬리에서 귀 중앙, 콧망울에서 관자놀이까지 나선형을 그려준다.

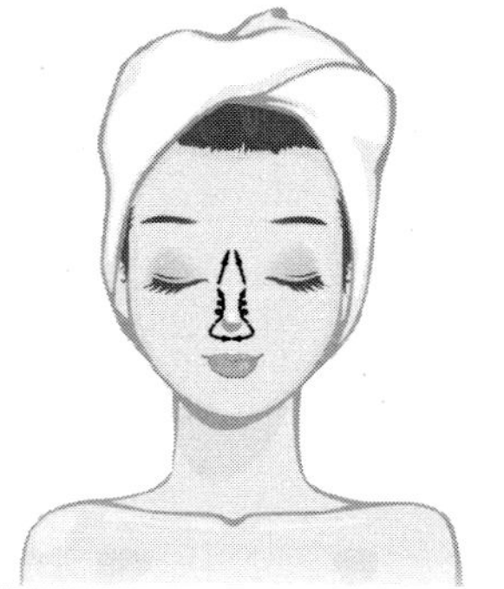

06 양손의 중지와 약지로 코벽을 나선형으로 그리고, 콧망울 반원도 그려준 후 미간을 타고 이마로 올라간다.

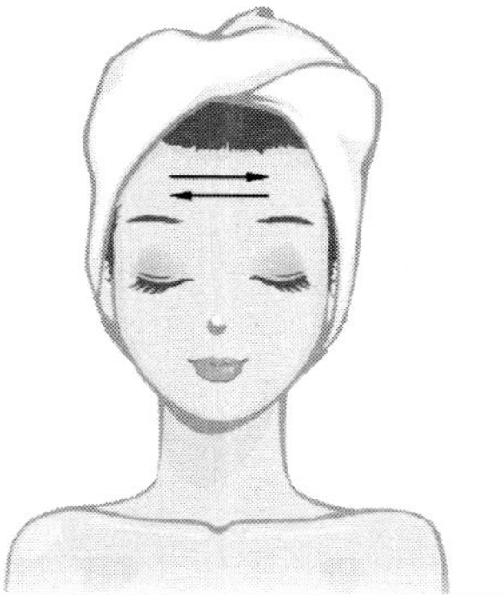

07 양손바닥으로 왼쪽 이마에서 오른쪽 이마 끝까지 교대로 쓸어준다.

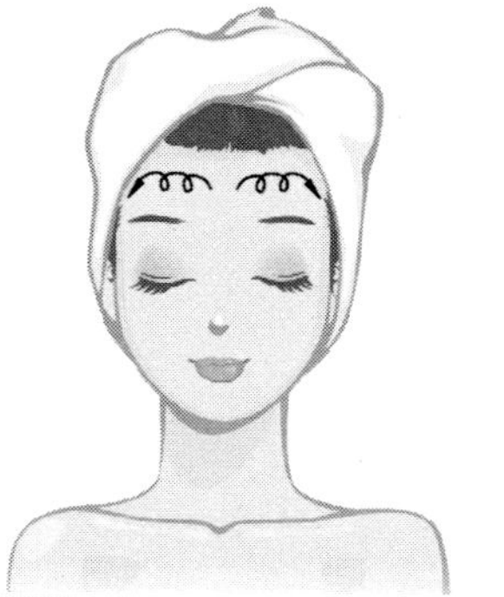

08 양손의 4지로 이마 중앙에서 관자놀이 방향으로 나선형을 그려준다.

09 양손의 4지로 눈꺼풀을 위에서 아랫방향으로 원을 그린다.

02 안면

마사지는 피부타입에 적합한 제품을 사용하여 인체를 두드리거나 주물러서 생리기능을 회복시켜주는 것을 의미한다.

01 데콜테 전체를 양손바닥으로 교대로 쓸어준다.

02 4지를 이용하여 데콜테 중심에서 액와 방향으로 나선형을 그린다.

03 오른손 바닥을 데콜테에 붙이고 왼손을 오른손등 위에 살포시 올려 놓고 물결을 교대로 그려준다.

04 양손의 엄지로 쇄골에서 가슴방향으로 교대로 밀어 내려 준다.

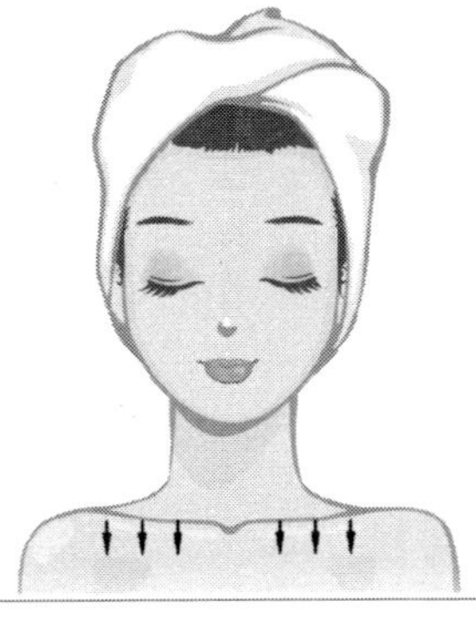

05 양손의 엄지로 쇄골 바로 밑을 쫀쫀하게 교대로 밀어 내려 준다.

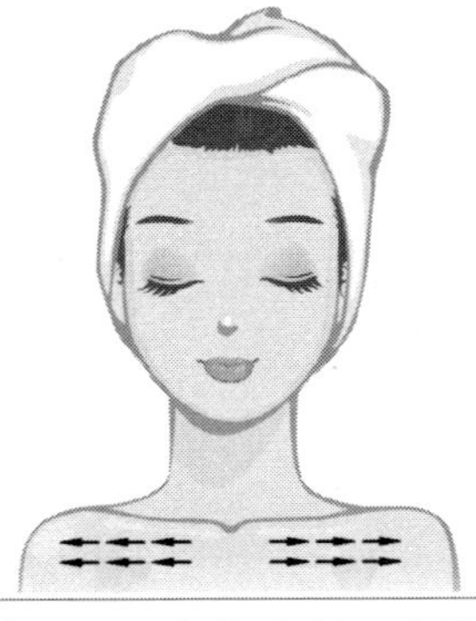

06 양손의 엄지손가락으로 늑골의 사이를 액와 방향으로 밀어준다.

07 양손바닥으로 데콜테를 쓸어주고 상완을 감싸 어깨로 넘어와 액와로 빼준다.

08 상완부의 세모근을 주먹 쥐고 나선형으로 그려준다.

09 주먹으로 세모근을 쓸어내려준다.

10 상완부를 4지로 감싸듯이 길게 8자 모양으로 쓸어준다.

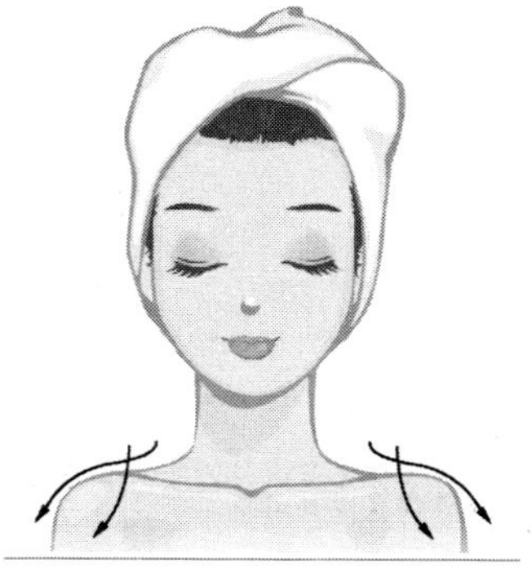

11 오른손으로 왼쪽 어깨를 쓸어주고 왼손은 액와 쪽으로 쓸어내려 준다.

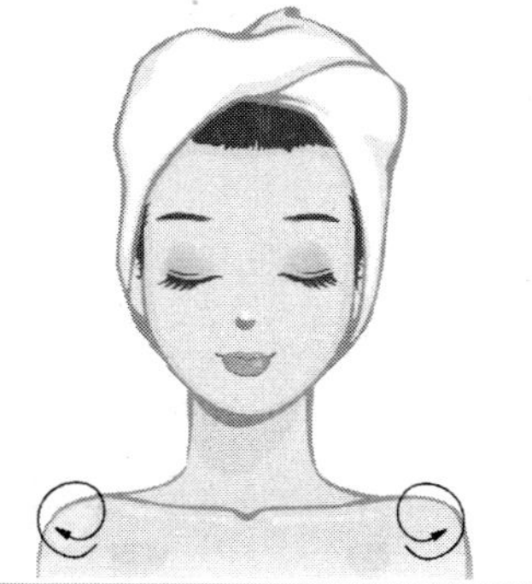

12 양손바닥으로 데콜테를 쓸어주고 상환을 감싸 어깨로 넘어와 액와로 빼준다.

13 손바닥으로 쇄골에서 목 방향으로 쓸어 올려준다.

14 귀밑에서 턱선을 타고 목을 반원으로 그려준다.

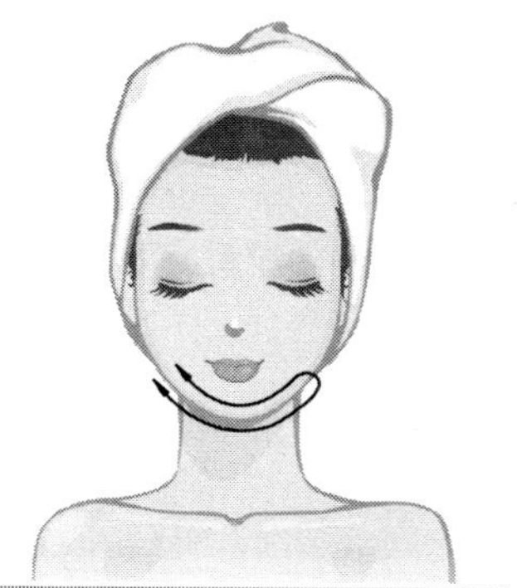

15 4지 끝으로 턱선을 타고 반대쪽 귀까지 가서 엄지와 검지 사이에 턱선을 넣고 쓸어준다.

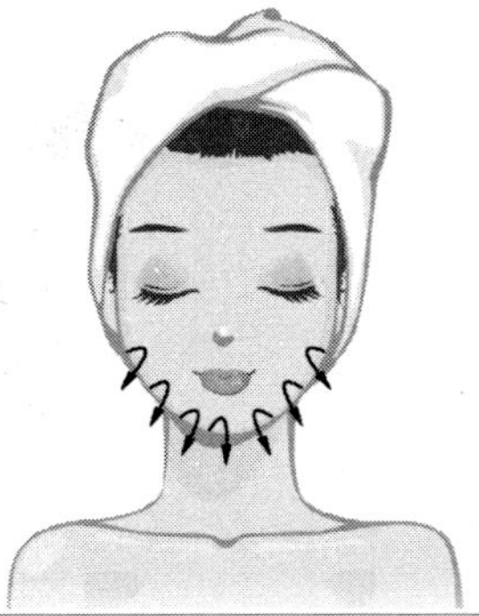

16 엄지손가락을 이용하여 턱선을 반원으로 그려준다.

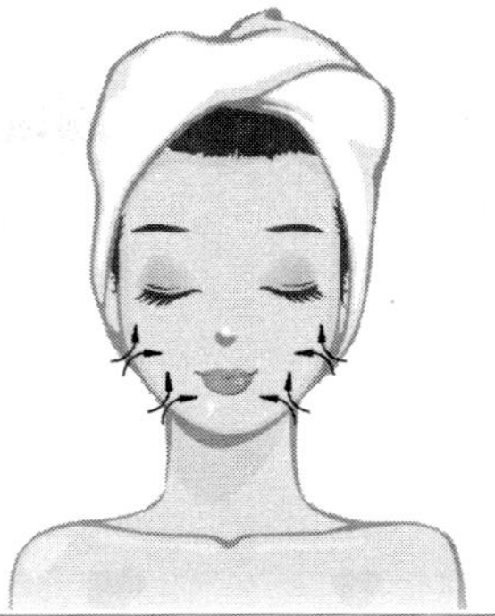

17 엄지손가락을 서로 마주잡고 중지와 약지로 턱 밑에서 턱선을 타고 살짝 끌어 올려준다.

18 두 엄지손가락을 교대로 교차해 준다.

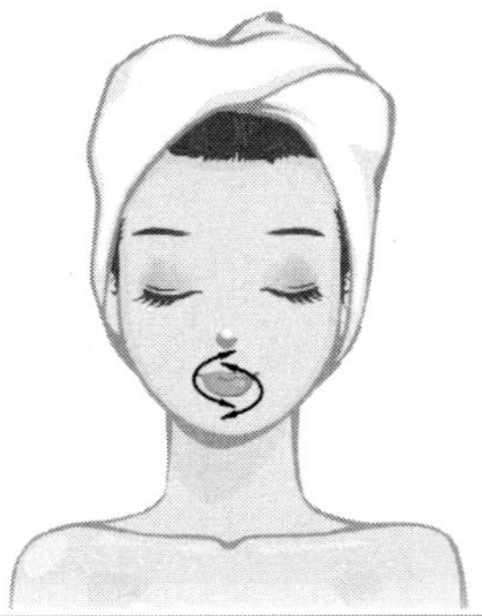

19 두 엄지손가락으로 입 주위를 교대로 교차해 준다.

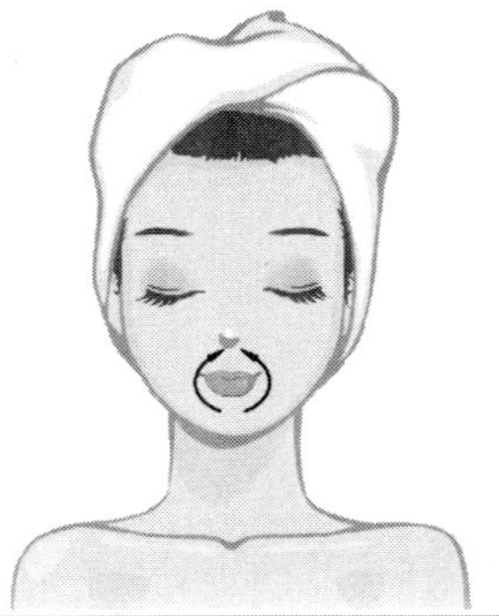

20 팔자주름을 살짝 끌어 올려준다.

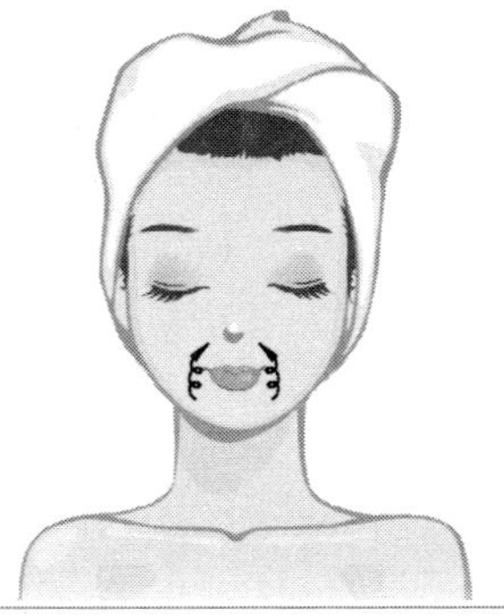

21 팔자주름에 나선형을 그려 준다.

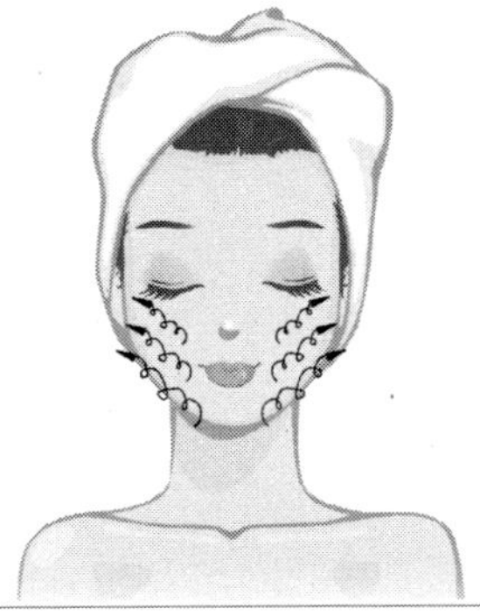

22 턱 중앙에서 귀 뒤, 입 꼬리에서 귀 중앙, 콧방울에서 관자놀이까지 나선형을 그려준다.

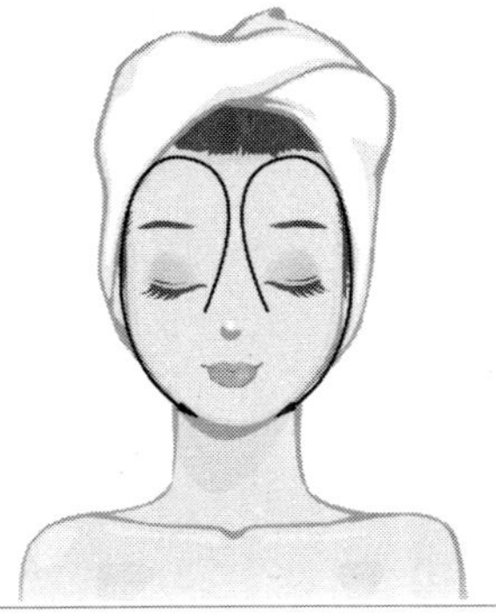

23 코 벽을 타고 이마로 올라가 얼굴형을 타고 턱 중앙으로 내려온다.

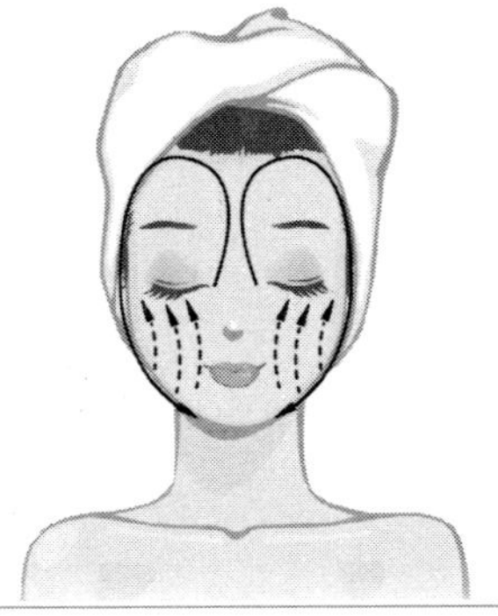

24 볼은 손가락을 각각 튕겨주고 다시 코 벽을 타고 이마로 올라가 얼굴형을 타고 턱 중앙으로 내려온다.

25 양 볼을 꼼꼼히 교차해 준다.

26 턱 중앙에서 관자놀이 까지 두 손을 교대로 쓸어 올려준다.

27 턱 중앙에서 양쪽의 귀 쪽으로 쓸어 올려주고 코 주위로 온다.

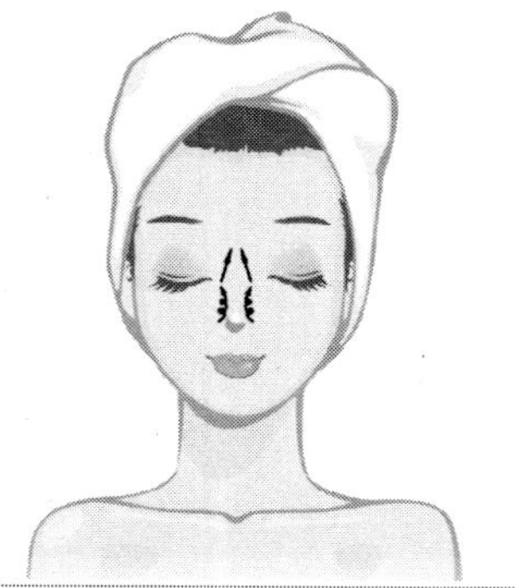

28 중지와 약지로 코 벽을 나선형으로 그려준다.

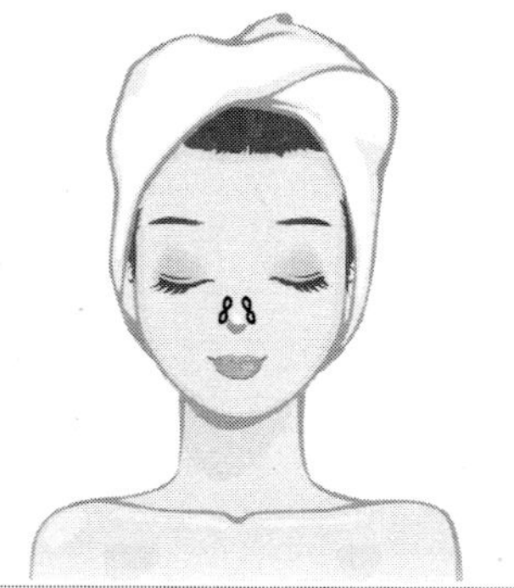

29 중지와 약지로 코벽을 전체적으로 팔자모양을 그려준다.

30 중지 끝으로 콧방울을 반원으로 그리고 코 벽을 쓸어 올려준다.

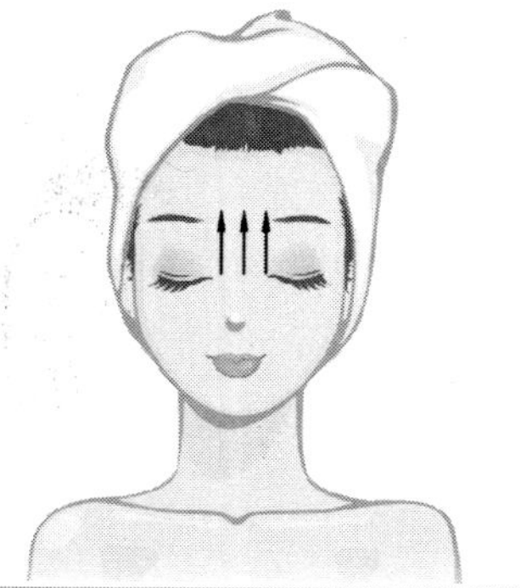

31 중지와 약지로 미간 부분을 쓸어 올려준다.

32 눈 주위를 위에서 아래 방향으로 4지로 따뜻하게 쓸어준다.

33 관자놀이를 검지와 중지로 8자 모양을 그린다.

34 눈 전체를 크게 8자 모양을 그려준다.

35 관자놀이를 다시 8자로 그린다.

36 중지로 눈 주위를 둥글게 굴려준다.

37 관자놀이를 다시 8자로 그린다.

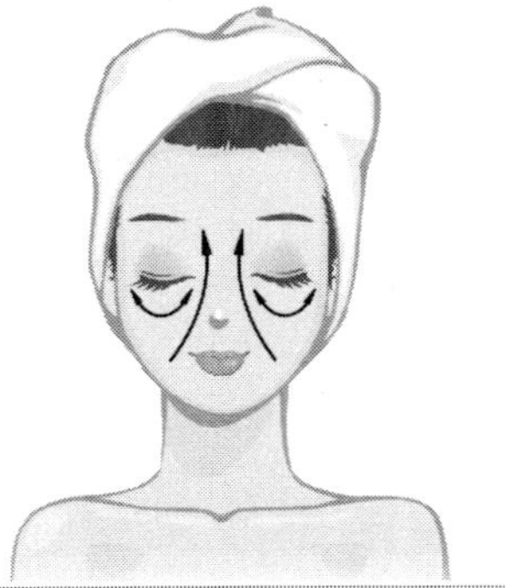

38 엄지로 눈 밑을 양쪽으로 쓸어주고, 중지로 코 벽을 타고 이마로 올라온다.

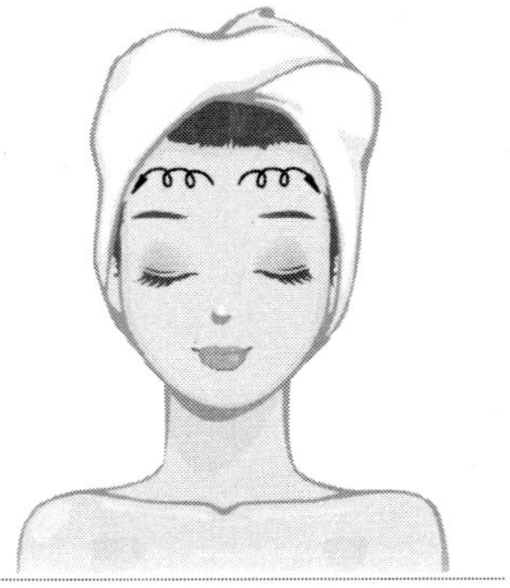

39 이마에 4지로 나선형을 그려준다.

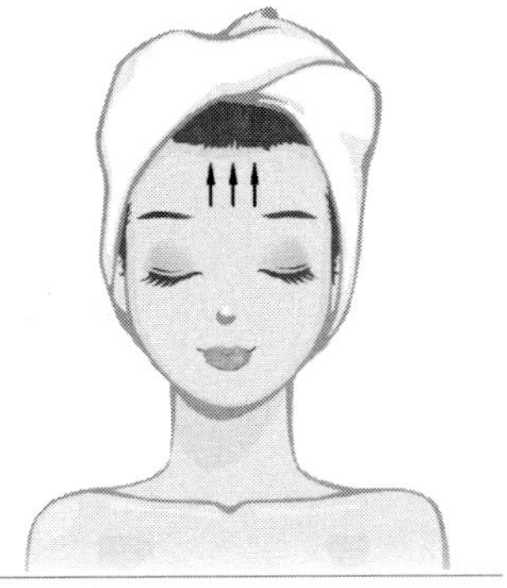

40 양손바닥으로 이마를 머리선 방향으로 쓸어 올려준다.

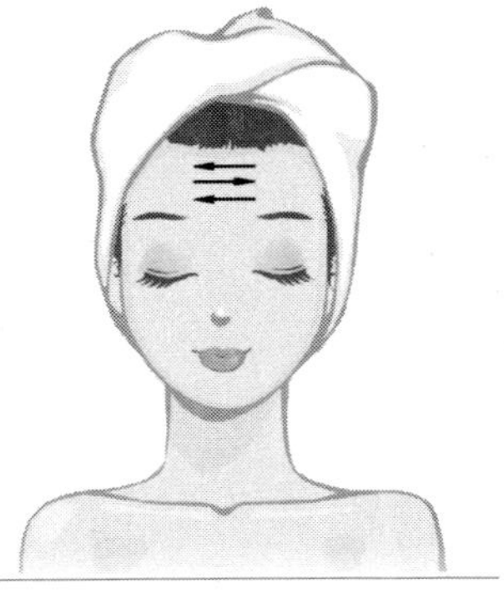

41 양손바닥으로 이마를 가로방향으로 교대로 쓸어준다.

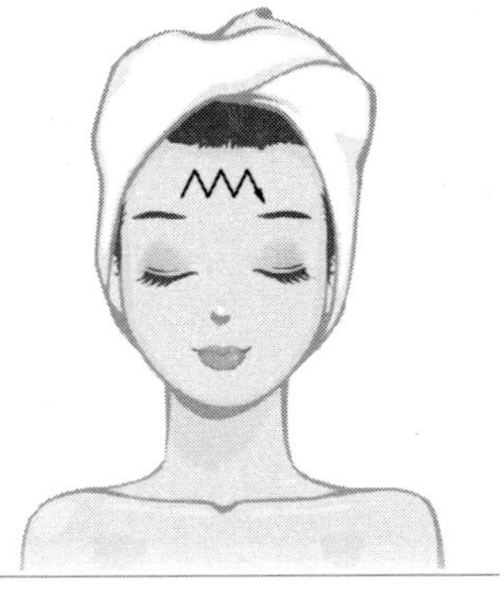

42 중지와 약지로 지그재그를 그리면서 왼쪽에서 오른쪽까지 그려준다.

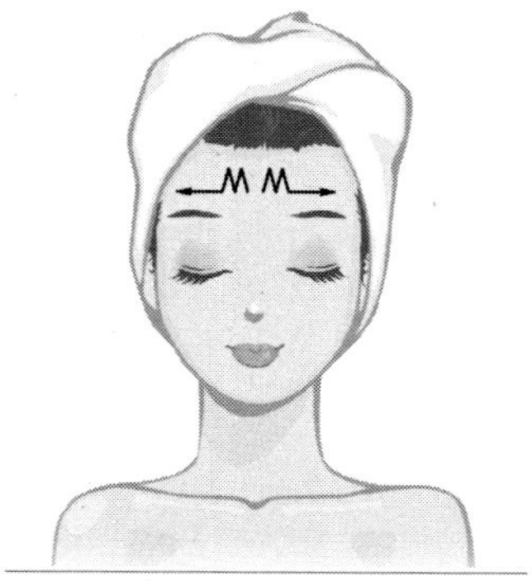

43 이마 중앙에서 중지와 약지로 지그재그를 그리고 관자놀이로 쭉 밀어준다.

44 양손 중지와 약지로 교차하면서 왼쪽에서 오른쪽 관자놀이 까지 그려준다.

45 이마 중앙에서 관자놀이를 지나 볼을 2회 정도 둥글게 그려준 후 턱 중앙으로 내려 왔다가 다시 귀 뒤쪽으로 가서 마무리한다.

참고문헌

고해정 외 7인(2004), 화장품학, 정문각

권해영 외 8인(2012), 피부과학, 메디시언

김경영 외 5인(2013), 에센스 화장품학, 메디시언

김기연 외 14인(2010), 화장품학, 현문사

김기연 외 11인(2015), 피부관리학, 수문사

김명숙 외 4인(1999), 피부과학, 형설출판사

김봉인(1996), 에스테틱 실기, 화장품신문사

김연주 외 9인(2009), 화장품과학(개정2판), 청구문화사, 229-239

김은화 외 2인(2010), 피부미용학, 현문사

김주덕, 김상진 외 4명(2004), 신화장품학, 도서출판 동화기술

김주섭 외 1인(2007), 두피관리학, 북카페

김주섭 외 2인(2006), 헤어컬러링메이트, 리그라인

김주섭 외 3인(2010), 미용학개론

김주섭 외 4인(2009), 모발화장품학

대한피부과학회 교과서편찬위원회(1992), 피부과학, 여문각

두산백과서전 EnCyber & EnCyber.com

신문균 외 5인(1998), 인체해부학, 현문사

안희경(1997), 인체해부학, 고문사

이정숙 외 3인(2014), 피부과학, 도서출판 예림

장성재 외 2인(2002), 생활속의 자외선, 화장품신문

정진호(2009), 늙지않는 피부 젊어지는 피부, 도서출판 하누리

조완구, 랑문정 외 1인(2007), 현대화장품학, 한국학술정보(주)

진종언 외 8인(2007), 화장품학, 한국피부미용교육원

최성우, 강훈 외 2인(2001), 피부전문가가 쓴 화장품, 지성사

최현숙 외 2인(1994), 피부관리학, 고문사

피부과학원색도감 편찬위원회(1999), 피부과학원색도감, 정문사

하병조(1999), 화장품학, 수문사

하병조(2001), 기능성화장품, 신광출판사

Bernhard Esser. Taschenbuch der medizinische Fusspflege. B & M Haug GmbH. 1994

Birgit Kunze. Akne. Hippokrates Verlag GmbH. 1999

Dr. Franz Wagner. Reflexonen Massage. Grafe und Unze Verlag GmbH. 1994

Dr. H. Gerny. Kosmetik + Dermatologie. Krause & Pachernegg GmbH. 1996

Dr. med. Hermann Schell. Akne. Hippokrates Verlag GmbH. 1992

Dr. med. Marianne Witt. Anatomie in der Kosmetic. Omni Med Verlag GmbH. 1999

Dr. R. A. Eckstein. Biokosmetik. Verlag Druk GmbH. 1986

H. und G. Wittlinger. Lehrbuch der Manuellen Lymphdrainage nach Dr. Vodder Band 1. Karl F. Haug Verag GmbH. 1994

Hellmut Ruck. Das Buch der Fusspflege. Verlag Hellmut Ruch. 1990

Ingrid Kurz. Lehrbuch der Manuellen Lymphdrainage nach Dr. Vodder Band 2. Karl F. Haug Verag GmbH. 1994

Rudolf Weyergans. Aktiv gegen Cellulite. Humboldt. 1994

Sibylle Gutsche. Dermatologie. Filander Verlag GmbH. 1997

Tiffany M. Field, Saul Schanberg et al. : The Journal of Applied Gerontology vol. 17 No.7, June, 1998

http://www.kcia.or.kr/cid/Document/Menu/FRAME.asp

http://www.pharmpedia.com/Emulsions

http://www.totalbeauty.co.kr/menu6.htm

정연자 건국대학교 글로컬캠퍼스 뷰티디자인전공 교수
한국인체미용예술학회 회장
뷰티융합연구소장

신동화 건국대학교 글로컬캠퍼스 뷰티디자인전공 겸임교수

리얼스킨

초판 인쇄 | 2017년 8월 24일
초판 발행 | 2017년 8월 31일

저　　자 | 정연자·신동화
발 행 인 | 조규백
발 행 처 | **도서출판 구민사**
(07299)서울시 영등포구 당산로2길 12, 1004호, 에이스 테크노타워
전　　화 | (02) 701-7421(~2)
팩　　스 | (02) 3273-9642
홈페이지 | www.kuhminsa.co.kr
등　　록 | 제14-29호 (1980년 2월 4일)
I S B N | 979-11-5813-466-2 [93590]

값 12,000원

※ 낙장 및 파본은 구입하신 서점에서 바꿔드립니다.
※ 본서를 허락없이 부분 또는 전부를 무단복제, 게재행위는 저작권법에 저촉됩니다.